MANUEL
D'ORNITHOLOGIE.

Edmond d'Ocagne, éditeur.

PARIS. — IMPRIMERIE DE COSSON,
rue Saint-Germain-des-Prés, 9.

MANUEL
D'ORNITHOLOGIE,

OU

TABLEAU SYSTÉMATIQUE

DES OISEAUX QUI SE TROUVENT EN EUROPE;

PRÉCÉDÉ

D'UNE ANALYSE DU SYSTÈME GÉNÉRAL D'ORNITHOLOGIE,

ET SUIVI

D'UNE TABLE ALPHABÉTIQUE DES ESPÈCES,

ET

D'UNE TABLE CORRÉLATIVE DES MATIÈRES CONTENUES DANS LES QUATRE
PARTIES DE CET OUVRAGE;

PAR J.-C. TEMMINCK,

MEMBRE DE PLUSIEURS ACADÉMIES ET SOCIÉTÉS SAVANTES.

SECONDE ÉDITION,

CONSIDÉRABLEMENT AUGMENTÉE ET MISE AU NIVEAU
DES DÉCOUVERTES NOUVELLES.

QUATRIÈME PARTIE.

PARIS,

H. COUSIN, RUE JACOB, 25.

AMSTERDAM,

Vᵉ LEGRAS, IMBERT ET Cⁱᵉ.

1840.

MANUEL D'ORNITHOLOGIE.

ORDRE NEUVIÈME.

PIGEONS. — *COLUMBÆ.*

Caractères. Voyez *Manuel*, vol. 2, p. 441.

GENRE QUARANTE-QUATRIÈME.

PIGEON. — *COLUMBA.*

Caractères. Voyez *Manuel*, pag. 442.

COLOMBE RAMIER. — *C. PALUMBUS.*

Ajoutez aux synonymes :

Atlas du Manuel, pl. lithog. — PIGEON RAMIER. Vieill. *Faun. franç.* p. 244. *pl.* 107. *f.* 1. — Roux. *Ornit. provenç. v.* 2. *p.* 7. *tab.* 243. — HOCHKÖPFIGER-MITTLE-RER und PLATTKÖPFIGER RINGELTAUBE. Brehm. *Vög. Deut.* p. 487. — COLOMBACCIO. Savi. *Ornit. Tosc. v.* 2, p. 154. — Naum. *Naturg. Neue Ausg. tab.* 149. —

Gould. *Birds of Europ. part.* 8. — Selb. *Brit. orn.*
v. 1. *p.* 288.

On rencontre des ramiers, pendant l'été seulement, en Suède, en Russie et même en Sibérie,
mais point en Norwége.

COLOMBE COLOMBIN. — *C. OENAS.*

Ajoutez aux synonymes :

Atlas du Manuel, pl. lithog. — LE PIGEON SAUVAGE.
Vieill. *Faun. franç. p.* 243. *pl.* 106. *f.* 2. — Roux.
Orn. prov. v. 2. *p.* 9. *tab.* 244. — HOHLTAUBE und
LOCKTAUBE. Brehm. *Vög. Deut. p.* 492.— SKOGS DUFVA.
Nils. *Skandin. faun. figure* 28. — COLOMBELLA. Savi.
Orn. Tosc. v. 2. *p.* 158. — Naum. *Naturg. Neue Ausg.
tab.* 151. — Gould. *Birds of Europ. part.* 5. — Selb.
Brit. orn. v. 1. *p.* 290.

Son passage est régulier en Allemagne et en
France. Elle est très-répandue en Afrique, mais
on ne la voit point au-delà du tropique.

COLOMBE BISET. — *C. LIVIA.*

Ajoutez aux synonymes :

Atlas du Manuel, pl. lithog. — Vieil. *Faun. franç.
supp. p.* 423. — Roux. *Orn. prov. v.* 2. *p.* 11. *tab.* 245.
— SUDLICHER und AMALIAS FELDTAUBE. Brehm. *Vög.
Deut. p.* 490. — KLIPP DUFVA. Nils. *Skandin. faun. figure* 11. — Naum. *Naturg. Neue Ausg. tab.* 150. —

Piccion Terrazolo. Savi. *Orn. Tosc.* v. 2. *p.* 160. —
Rock Dove. Gould. *Birds of Europ. part.* 10. — Selb.
Brit. orn. vol. 1. *p.* 292.

On la trouve aux îles Féroé, où elle habite dans les creux des montagnes de trapp.
Quoique ce soit exactement la même espèce que
celle répandue dans le reste de l'Europe, en Asie
et en Afrique, Brehm prétend nonobstant que
c'est une espèce distincte qu'il désigne sous le
nom de *Amalia*.

Les sujets obtenus du Japon ne diffèrent point
de ceux d'Europe et d'Afrique. On trouve cette
colombe en bandes sur les bords de la Kerka, où
elle habite, et niche dans les fentes des rochers;
elle vit aussi en Grèce.

Elle se nourrit, selon Montagu, non seulement de graviers, mais aussi de différentes espèces de coquillages terrestres, particulièrement
de l'*Helix virgata*.

COLOMBE VOYAGEUSE.

COLUMBA MIGRATORIA (Linn.).

Tête, nuque et gorge d'un beau bleu cendré;
devant du cou, poitrine et flancs d'un roux
vineux très-vif; partie inférieure et côtés du cou

couverts de teintes métalliques à reflets verts ,
pourpre et cramoisi ; ventre et abdomen blancs ;
dos, manteau, croupion et couvertures de la
queue d'un brun noisette plus ou moins foncé
ou nuancé de bleuâtre ; les épaules marquées de
taches noires disposées sur les barbes extérieures
des plumes ; les scapulaires nuancées de brun ;
queue longue, très-conique ; les deux pennes du
milieu noires, les cinq latérales d'un gris blanc,
et nuancées de bleuâtre vers leur base, où elles
portent, sur les barbes intérieures, une bande
noire, surmontée d'une autre qui est ferrugi-
neuse. Bec noir, les narines surmontées d'une
légère protubérance; iris d'un orange vif ; orbite
nue, couleur de chair ; pieds couleur de laque.
Longueur de 15 à 16 pouces. *Le vieux mâle.*

La femelle est moins grande d'un pouce ; sa
queue n'est pas aussi longue que celle du mâle ,
toutes les teintes sont plus ternes et plus brunes,
et les reflets moins brillans. Poitrine cendré
brun ; partie supérieure du cou gris-cendré ;
couvertures de la queue brunes. L'iris des yeux
d'un orange terne.

COLUMBA MIGRATORIA. Gmel. *Syst. c. p.* 789.— Lath.
Ind. orn. v. 2. *p.* 612. *sp.* 70. — Frisch. *Vög. Teutschl.*
tab. 142. — Penn. *Arct. zool. p.* 322. *sp.* 187. — ECTO-

PISTER MIGRATORIA. Richards. *Faun. boreal Americ.* p. 363. — PIGEON DE PASSAGE. Buff. *v. 2. p.* 527. — Catesb. *Carol. v. 1. tab.* 23.—COLOMBE VOYAGEUSE.Temm. *pig. tab. 48 le mâle, tab. 49 la femelle.* — PASSENGER PIGEON. Lath. *Syn. v. 4. p.* 661. — Wils. *Americ. orn. v. 5. p. 102. pl. 44. f. 1. le mâle.*

La *femelle* est indiquée sous :

COLUMBA CANADENSIS. Gmel. *Syst. c. p.* 785. — Lath. *Ind. orn. v. 2. p. 613. sp.* 72. — TOURTERELLE DU CANADA. Buff. *Ois. v. 2. p. 552. et pl. enl.* 176. — *Penn. Arct. zool. v. 2. sp.* 190.

Remarque. Lorsqu'on fait attention aux mœurs de cette espèce, surtout eu égard à ses habitudes erratiques, à son existence dans toutes les parties de l'Amérique septentrionale, même les plus rapprochées du pôle, on ne sera pas surpris que des individus isolés se montrent de temps en temps dans les limites de l'Europe, et aient été capturés dans nos contrées septentrionales, où ils peuvent avoir été poussés par des coups de vent. On cite plusieurs exemples de captures faites en Angleterre, en Norwége et en Russie. La plus récente a eu lieu en décembre 1825, en Angleterre, dans le Fifeshire.

Habite depuis le golfe du Mexique, dans toutes les parties des Etats-Unis, au Canada, jusqu'à la baie d'Hudson et des Baffins.

Nourriture. Principalement les noix du hêtre rouge.

Propagation. Vit en société souvent de plusieurs mil-

liers ; leurs essaims couvrent des surfaces de plusieurs
lieues et leurs gîtes de repos sont marqués par la dévas-
tation des arbres et l'énorme amas de leur fiente. Niche
en grandes bandes, de façon que soixante jusqu'à cent
nids occupent un seul arbre ; chaque nid est composé de
petites bûchettes et paraît ne contenir qu'un seul œuf
blanc.

COLOMBE TOURTERELLE. — *C. TURTUR.*

Ajoutez aux synonymes :

Atlas du Manuel, pl. lithog. — Vieill. *Faun. franç.*
p. 245. *pl.* 107. *f.* 2. — Roux. *Orn. provenç. v.* 2. *p.* 13.
tab. 246. — Hochköpfiger und Platköpfiger Turtel-
taube. Brehm. *Vög. Deut. p.* 493. — Tortora. Savi.
Ornit. Tosc. v. 2. *p.* 163. — Naum. *Naturg. Neue Ausg.*
tab. 152. — Gould. *Birds of Eyrop. part.* 2. — Selb.
Brit. orn. v. 1. *p.* 294.

ORDRE DIXIÈME.

GALLINACÉS. — *GALLINÆ.*

Caractères. Voy. *Manuel,* vol. 2, p. 450.

GENRE QUARANTE-CINQUIÈME.

DINDON SAUVAGE.

MELEAGRIS GALLOPAVO.

Remarque. Je fais seulement mention de ce genre comme Européen, ne voulant pas l'indiquer positivement sur les seules données qui ont été fournies à M. Cantraine par des habitans de la Sicile et de la Dalmatie. Voici ce qu'il me marque au sujet du *dindon sauvage :* « On » assure que des individus sauvages se montrent acciden- » tellement en Sicile. On en a tué près du Phare ; on en » tue aussi de temps en temps sur les bords de la Kerka » entre Sebenico et Scardona en Dalmatie. Ceci m'a été » assuré par plusieurs personnes de ces contrées. »

On peut se permettre de considérer ces données comme très-douteuses. Pour y ajouter foi, le certificat légal d'origine de l'individu serait de stricte nécessité.

GENRE QUARANTE-SIXIÈME.

FAISAN. — *PHASIANUS.*

Caractères. Voyez *Manuel*, page 452.

FAISAN VULGAIRE. — *P. COLCHICUS.*

Ajoutez aux synonymes :

Atlas du Manuel, *pl. lithog.* — Vieill. *Faun. franç.* p. 247. — Roux. *Ornit. provenç. v. 2. p. 47. pl. 262 et* 263. — Brehm. *Vögel. Deut. p. 520.* — Selb. *Brit. orn. v. 1. p. 298.* — Gould. *Birds of Europ.*

Le *faisan vulgaire* ne se trouve pas en Chine ainsi que l'ont avancé quelques naturalistes ; il ne vit pas non plus au Japon. Le lieu de son origine primordiale est la Grèce.

Voyez, sur l'hybride de cette espèce, avec le *Tétras birkhan*, l'article sous le titre de *Tétras rakkelhan.*

FAISAN TRICOLORE.

PHASIANUS PICTUS (Linn.).

Une huppe composée de plumes filamenteuses et d'un jaune d'or orne la tête ; celles de l'occiput forment un mantelet ou camail d'un orange vif

rayé transversalement de noir; la partie supérieure du cou porte des plumes d'un riche vert
doré; dos et croupion d'un jaune vif; les couvertures supérieures de la queue de cette teinte sont
terminées de rouge ponceau; la gorge est d'un
roux fauve; toutes les autres parties inférieures
d'un écarlate brillant; pennes secondaires et couvertures variées de différentes nuances marron.
Les pennes de la queue évasées en gouttière ren-
versée forment faisceau; elles sont marbrées de
marron et de noir, les plus grandes couvertures
sont écarlates. Bec et pieds jaunes, tarse portant
un petit éperon; iris d'un jaune vif. Longueur,
2 pieds 10 pouces, dont la longue queue prend
22 pouces. *Le vieux mâle*.

La femelle est un peu moins grande; les
plumes de la tête sont un peu longues et l'oiseau
peut les relever; les parties supérieures de la tête
et du cou, dos, croupion, couvertures des ailes
et celles du dessous de la queue, sont d'un brun
plus ou moins roussâtre; la gorge est blanche;
toutes les autres parties inférieures sont d'un
brun jaunâtre varié de taches brunes; plumes des
ailes et de la queue de la couleur du dos, cou-
pées de bandes transversales noires; pennes de
la queue brunes barrées et tachetées de noir;
iris, couleur noisette jaunâtre.

Les jeunes de l'année, jusqu'à l'âge d'un an, sont d'un gris jaunâtre rayé transversalement de brun. L'année d'après, on peut reconnaître les sexes aux couleurs plus foncées des mâles ; à la troisième année, le mâle prend le plumage brillant.

PHASIANUS PICTUS. Linn. *Syst.* 1. *p.* 272. — Lath. *Syn. v.* 2. *p.* 680. *sp.* 5.—PHASIANUS CURRENS CHINENSIS. Briss. *Orn. v.* 1. *p.* 274. — FAISAN DORÉ DE LA CHINE. Buff. *Ois. v.* 2. *p.* 355. — Id. *Pl. enl.* 217. — FAISAN TRICOLORE. Temm. *Pig. et Gall. v.* 2. *p.* 341. — PINTED PHEASANT. Edw. *Glean. tab.* 68 *et* 69.—Lath. *Syn. v.* 4. *p.* 717. — Gould. *Birds of Europ.* vol. 4.

Habite les parties septentrionales de la Grèce, en Géorgie et au Caucase ; se trouve aussi en Chine et au Japon.

Nourriture. Comme l'espèce précédente.

Propagation. Comme la précédente, mais les œufs sont moins grands et plus rougeâtres.

GENRE QUARANTE-SEPTIÈME.

TÉTRAS. — *TÉTRAO*.

Caractères. Voyez *Manuel*, vol. 2, page 455.

TÉTRAS AUERHAN. — *T. UROGALLUS*.

Indépendamment du métis désigné jadis comme espèce, sous le nom de *Rakkelhan*, on trouve, quoique rarement, des individus d'un tiers moins grands, qui, du reste, ne diffèrent aucunement. On voit aussi rarement des vieilles femelles revêtues de la livrée du mâle. La figure d'une telle femelle stérile se voit dans la *Faune scandinave* de M. Nilsson, sous le nom de GALLHONA OF TYADAR, *pl.* 21, *a*.

Ajoutez aux synonymes :

Atlas du Manuel, *pl. lithog.* — Vieill. *Faun. franç.* p. 257. *pl.* 113. *f.* 1 et 2. —Roux. *Orn. provenç. v.* 2. p. 25. *tab.* 250 et 251. — Naum. *Naturg. Neue Ausg.* *tab.* 154 et 156. — GROSSER, PLATKÖPFIGER, DICKSCHNABLIGER und GEFLECKTER ANERHUHN. Brehm. *Vög. Deut.* p. 504. — TYADAR TUPP ET HONA. Nils. *Skand. fauna.* *tab.* 76 et 55 *mâle et femelle.* — Gould. *Birds of Europ.* part. 17. —UROGALLO. Savi. *Orn. Tosc. v.* 2. *p.* 181.

Habite en Suisse, dans les bois, sur les montagnes à la

hauteur de trois à quatre mille pieds; il descend rarement
en plaine.

TETRAS RAKKELHAN ou HYBRIDE. — *T. MEDIUS.*

Le témoignage de tous les naturalistes du Nord
s'accordant assez unanimement à considérer le
Rakkelhan (Tetrao medius) , comme un hybride,
ou le produit de deux espèces différentes , no-
tamment de la femelle *Auerhan* avec le mâle
Birkhan, nous devons admettre leur opinion relativement à cette race croisée, et avec d'autant
plus de fondement que M. Nilsson s'est ap-
pliqué spécialement à cette recherche dans les
contrées du Nord, où les deux espèces *Tetrao uro-
gallus* et *Tetrix* vivent en grand nombre. Les observations faites par ce savant naturaliste prouvent de la manière la plus parfaite que le *Rakkelhan* est en effet un métis des deux espèces
précitées. Depuis que les femelles de cet hybride
nous sont parvenues , il a été facile de s'assurer
par l'examen de leur plumage qu'elles ne diffèrent jamais, par leur livrée, des femelles du *Tetrao tetrix*, et sont seulement distinctes de celles-
ci par leur taille un peu plus forte. L'opinion de
M. Naumann , qui a examiné plusieurs dépouilles
de cet hybride, ne nous laisse plus aucun doute.
Voyez les observations qu'il en donne, et la cita-

...ion littérale de celles de M. Nilsson, dans son ouvrage *Naturg. vög. Deut. vol.* 6, *pag.* 304 *et
suivantes.* M. Scherrner de Bellerive nous marque, que cet hybride n'a été tué qu'une fois en
Suisse.

Les synonymes à joindre à cet hybride sont :

DAS MITTLERE WALDHUN. Brehm. *Vög. Deut. p.* 506.
—Naum. *Naturg. Deut. Neue Ausg. tab.* 156 *le mâle et
la femelle*, figures parfaites. — RAKKELHANE. Nilss.
Skandin. fauna. tab. 4 *a*, figure qui ne laisse rien à dé-
sirer. — Gould. *Birds of Europ. part.* 22 *avec une belle
figure du mâle.*

Cet oiseau devant être distrait comme espéce
de la liste nominale, il cònvient de faire la remarque, qu'il est nécessaire de rayer tout ce qui
a été dit, *Manuel,* page 460, relativement à la
propagation, à la nourriture, etc., de ce Tétras
Rakkelhan.

En faisant mention de cet hybride, on peut
citer ici le produit en pleine liberté et à l'état
sauvage d'un autre hybride, fruit de l'accouplement du *Tetras birkhan* avec le *Faisan vulgaire
ou colchique.* Plusieurs exemples de ce métis ont
été observés à différentes époques en Angleterre
dans des localités où les deux espèces mentionnées

sont communes. Dernièrement encore, trois ou quatre faits de cette nature ont été signalés dans une lecture faite par M. Thompson, qui se trouve insérée dans le *Magazin of Zoology and Botany*, n° 5. La cause, qu'on n'a point encore vu de semblables produits métis de ces deux espèces sur le continent de l'Europe, s'explique facilement, vu qu'on ne trouve là aucune localité où les deux espèces vivent dans un rapprochement aussi immédiat.

TETRAS BIRKHAN. — *T. TETRIX.*

Ajoutez à l'article *variété accidentelle*, pag. 461.

Que cette variété blanche ou tapirée de blanc est le produit hybride du mâle *Birkhan* (tetrao tetrix) avec la femelle du *Tétras des saules* (tetrao saliceti seu albus). Voyez indépendamment de la figure exacte de *Sparm. Mus. Carel. fasc.* 3. *tab.* 66, celles figurées récemment et les descriptions fournies par Naum. *Naturg. Deutschl. v.* 6. *p.* 334, *et la figure pl. du titre de ce volume.* — RIPPORE, *hybridus.* Nilss. *Skandinav. fauna. tab.* 5 *a*, figure parfaite. Ces variétés hybrides se rencontrent assez souvent dans les localités septentrionales, où les deux espèces sont communes ; surtout, sur les confins des limites respectives de ces espèces.

Ajoutez aux synonymes de l'espèce type.

Atlas du Manuel, pl. lithog. — Vieill. *Faun. franç.*

p. 258. *pl.* 113. *fig.* 3 *et pl.* 114. *fig.* 1. — Roux. *Orn.*
provenç. v. 2. *p.* 28. *tab.* 252 *et* 253. — Das Wacholl-
derwaldhuhn, Birkwaldhuhn, Haidenwaldhuhn.
Brehm. *Vög. Deutschl. p.* 509. — Orre und Orr-Hona.
Nilss. *Skandinav. fauna. tab.* 27 *a et* 61. — Gould. *Birds*
of Europ. part. 21. — Fagiano di Monte. Savi. *Orn. Tosc.*
v. 2. *p.* 179.

TÉTRAS GÉLINOTTE. — *T. BONASIA.*

Ajoutez aux synonymes :

Atlas du Manuel, pl. lithog. — Vieill. *Faun. franç.*
p. 260. *pl.* 114. *fig.* 2.— Roux. *Orn. provenç. v.* 2. *p.* 29.
tab. 254. — Gould. *Birds of Europ. part.* 13. — Felsen-
haselhuhn und Waldhaselhuhn. Brehm. *Vög. Deut.*
p. 513. — Naum. *Naturg. Deutsch. Neue Ausg. tab.* 158.
— Francolino di Monte. Savi. *Orn. Tosc. v.* 2. *p.* 183.

On trouve rarement des variétés accidentelles
dans cette espèce; les seules qui aient été obser-
vées sont des individus tapirés de quelques
plumes blanches, ou bien plus rarement encore
des sujets à teintes pâles.

TÉTRAS ROUGE. — *T. SCOTICUS.*

Ajoutez aux synonymes :

Atlas du Manuel, pl. lithog. — Redgrous. Gould.
Birds of Europ. part. 15 *mâle et femelle.* — Selb. *Brit.*
orn. v. 1. *p.* 307.

M. Gould fait l'observation , comme une parti-
cularité en effet très-remarquable de cette espèce,
qu'elle n'a jamais été trouvée ailleurs que dans les
trois royaumes unis de la Grande-Bretagne ;
tandis que les autres espèces de lagopèdes sont
répandues, très au loin, dans différentes contrées
de l'Europe et d'Amérique.

TÉTRAS PTARMIGAN. — *T. LAGOPUS.*

Ajoutez aux synonymes :

Atlas du Manuel, pl. lithog. — Vieill. *Faun. franç.*
p. 261. *pl.* 114. *fig.* 3 *plumage d'été.* — Roux. *Ornit.*
provenç. v. 2. *p.* 31. *tab.* 255 *plumage d'hiver.* — DAS
ALPEN SCHNEEHUHN. Naum. *Naturg. Deutschl.* Neue Ausg.
v. 6. *p.* 401 *et tab.* 160, *mâle et femelle en hiver, tab.* 161,
les deux sexes en été.—BERG, FELSEN, ALPEN und REIN-
HARD SCHNEEHUHN. Brehm. *Lehrbuch , pag.* 445 *und*
986. — Id. *Vög. Deutschl. p.* 516. — COMMON PTARMI-
GAN. Selb. *Brit. orn. v.* 1. *p.* 310. — Gould. *Birds of*
Europ. part. 11, *plumage d'été et d'hiver.*—ROCH PTAR-
MIGAN. Gould. *Birds of Europ. part.* 21, *vieille femelle*
en été. — TYALL RIPA (Lagopus alpina). Nils. *Skandinav.*
fauna. tab. 8, *mâle en été. tab.* 9, *femelle en été et tab.* 10,
femelle en mue. — PERNICE DI MONTAGNA. Savi. *Orn.*
Tosc. v. 2. *p.* 184. — THE PTARMIGAN (Lagopus mutus).
Richards. *Faun. borea. Amer. p.* 350. Il est nécessaire
de supprimer des synonymes du *Ptarmigan,* le LAGOPUS
RUPESTRIS des auteurs, ainsi que le ROCK GROUS des Au-

glais, et d'ajouter ces indications à l'article de notre *Tetrao Islandorum.*

Habite en Suisse sur les montagnes qui n'ont pas moins de cinq à six mille pieds d'élévation; par les beaux temps d'été, toujours dans la région des neiges; en hiver, on les trouve dans les bois des hautes Alpes.

La suivante a été trouvée par M. Faber en Islande; quoique voisine de notre *Ptarmigan*, elle paraît devoir former une espèce distincte. Toutefois, la figure publiée récemment par Gould, *part.* 21, sous le nom de *Lagopus rupestris* paraît être la *femelle* en plumage parfait d'été du *Ptarmigan.*

TÉTRAS HYPERBORÉ.

TETRAO ISLANDORUM. (Faber.)

Bec plus fort que celui du Ptarmigan; la seconde rémige la plus longue ou égale avec la troisième et la quatrième. Le mâle portant une balafre noire très-large et longue; la femelle une balafre étroite en avant des yeux, et large derrière; queue noire à base blanche, composée de dix-huit pennes.

Plumage d'hiver.

Tout blanc; une bande noire, très-large, partant de la base du bec, passe sur les yeux en couvrant les tempes et aboutissant vers l'occiput ; au dessus des yeux, un espace nu qui est terminé par une petite membrane dentelée. Les plumes qui couvrent les doigts sont de longueur à couvrir totalement les ongles, qui sont grands, arqués et noirâtres. Les quatre pennes blanches du milieu de la queue ont la base des baguettes brune ; les quatorze pennes noires sont blanches à leur origine et au bout. Bec noirâtre à pointe brune ; iris brun. Longueur de 13 à 14 pouces. *Le mâle.*

La femelle ressemble au mâle ; la bande noire dont elle est pourvue est moins large, surtout très-étroite en avant des yeux ; mais cette bande s'élargit derrière les yeux, et aboutit, comme chez le mâle, vers l'occiput. *Différence essentielle et remarquable entre celle-ci et la femelle du Ptarmigan.*

Plumage parfait d'été.

Au dessus des yeux un grand espace rouge, dentelé ; bande noire longue et large ; front, tête et cou marqués de bandes noires et rousses en zigzags, chaque plume étant terminée de noir ; dos, croupion, les quatre pennes du milieu de la queue, ses couvertures, les épaules, et la partie

inférieure du devant du cou, poitrine, flancs et
plumes des cuisses, très-finement variés et rayés
de noir et de teinte de rouille, de façon que la
couleur rousse prédomine; chaque plume étant
terminée de noir à fine pointe blanche; milieu du
ventre, abdomen, pieds et rémiges, d'un blanc
pur; ces dernières à baguettes noires. *Le vieux
mâle.*

La vieille femelle. Au lieu de la balafre noire,
elle porte sur les yeux, à partir de l'angle du
bec, une bande blanche. Front roux de rouille
marqué de zigzags noirs ; sommet de la tête
noir bordé finement de roux; joue et menton
d'un roux clair; occiput, partie supérieure du
cou, dos, croupion, scapulaires, petites couvertures des ailes, couvertures de la queue et les
pennes du milieu, d'une teinte noirâtre marquée
de bandes étroites roussâtres et blanchâtres; de
manière que le noir prédomine, chaque plume
étant terminée de roux clair; devant du cou,
poitrine, haut du ventre, flancs, plumes qui
couvrent les cuisses, et couvertures du dessous
de la queue marqués de bandes régulières et al-
ternes noires et rousses ; ventre jaunâtre, sans
taches; abdomen et cuisses blanchâtres; la partie
inférieure du tarse, les doigts et le milieu du

ventre dépourvus de plumes ; le plus grand nombre des pennes noires de la queue sans pointe
blanche. *La vieille femelle.*

Dans cet état elle ressemble beaucoup à la femelle du *Tétras des saules.*

Les jeunes mâles, dans leur première livrée
d'hiver, ressemblent à la femelle.

Tetrao Islandorum. Faber. *Prodrom. Island. orn. p.* 6.
— Thienem. *Voy. en Island. p.* 88. —TETRAO ISLANDI-
CUS. Brehm, *Vög. Deutschl.* — Id. *Lehrb. der Naturg.*
v. 2. *p.* 440. Les indications du *Tetrao rupestris* et du
Rock grouse des Anglais, ne peuvent être admises ici qu'a-
vec doute et en voyant les sujets sur lesquels elles sont
basées.

Habite. Jusqu'ici l'espèce n'a été trouvée qu'en Islande, où les autres ne se voient point ; celle-ci y est au
contraire très-abondante ; elle vit dans les plaines couvertes de végétation naine.

Nourriture. Les feuilles d'empetrum nigrum et dryas
octopetala, et les boutons des saules et des bouleaux.

Propagation. Pond sous les saules ou les bouleaux, de
9 à 14 œufs, plus petits que ceux du *Ptarmigan*, plus
rougeâtres et marqués d'un plus grand nombre de taches noires.

TÉTRAS DES SAULES. — *T. SALICETI.*

Ajoutez à l'indication spécifique :

(*Longueur du doigt du milieu sans son ongle :* 1 *pouce* 2 *lignes*). Caractère, au moyen duquel on peut distinguer, du premier coup d'œil, l'espèce de cet article de celle de l'article suivant.

Ajoutez aux synonymes :

Atlas du Manuel, pl. lithog.—DAS MORASTSCHNEEHUHN. Brehm. *Vög. Deutschl. p.* 517.—Naum. *Naturg. Deutschl. Neue Ausg. tab.* 159. *le mâle*, plumage d'hiver et d'été. — DAL-RIPA (Lagopus subalpina). Nilss. *Skand. Faun. tab.* 6. *a.* le mâle en plumage parfait d'été, et *tab.* 7. la femelle en été. La seule remarque qui se puisse faire sur ces planches publiées par M. Nilsson, serait : que les ongles de tous les doigts sont beaucoup trop courts, qu'ils ressemblent à ceux du *Ptarmigan*, et ne présentent point d'indice du caractère le plus marquant de l'espèce du présent article.—WILLOW GROUSE (Lagopus saliceti), Richards. *Faun. boreal. Amer. pag.* 351. — Gould. *Birds of Europ. part.* 12.

Remarque. Les sujets reçus de Russie ne diffèrent pas de ceux des autres parties septentrionales de l'Europe, ni de ceux de l'Amérique boréale.

TÉTRAS A DOIGTS COURTS.

TETRAO BRACHYDACTYLUS (Mihi).

Cette espèce nouvelle ne m'est connue que
sous le plumage parfait d'hiver ; les trois sujets
observés sont d'un blanc pur, sans aucun indice
qui puisse servir à la distinction sexuelle ; cette
recherche ayant été négligée , on ne saurait dire
si le mâle diffère de la femelle.

*Bec très-déprimé , seulement sa pointe gla-
bre ; baguettes des rémiges blanches ; la queue
composée de douze pennes ; longueur du doigt
du milieu, sans son ongle , 9 lignes.*

Plumage d'hiver.

Tout le plumage d'un blanc pur, même jusqu'au duvet, qui est de cette couleur ; la queue
noire terminée de blanc ; point de nudité surciliaire ; le bec supérieur presque totalement caché
par les plumes du front, qui forment comme une
rosace composée de plumes divergentes placées
de chaque côté vers la pointe du bec, dont l'extrémité seule est glabre ; baguettes des rémiges
d'un blanc pur ; tous les doigts des pieds très-
courts , qui, de même que les tarses, sont couverts d'un plumage abondant cachant, en hiver,

jusqu'à la pointe des ongles ; ceux-ci sont blancs, courbés et de moyenne longueur. Le tour des yeux totalement couvert de plumes. Longueur 14 pouces.

Le plumage d'été ne nous est pas connu. Un individu envoyé par nous à M. Gould, a servi de modèle à sa planche qui se trouve dans l'ouvrage, *Birds of Europ. Part.* 20 ; cet individu m'a été gracieusement offert par M. de Feldegg.

Habite. La Russie septentrionale.

Nourriture et *propagation.* Inconnues.

Remarque. Le *Tetrao leucurus*, décrit et figuré par Richardson, dans sa *Faune boréale américaine. pl.* 63, est une espèce qui ne se trouve pas en Europe.

GENRE QUARANTE-HUITIÈME.

GANGA. — PTEROCLES.

Caractères. Voyez *Manuel*, vol. 2, pag. 474, et ajoutez que ce genre serait plus convenablement classé en tête des Gallinacés et à la suite des Pigeons.

GANGA UNIBANDE. — *P. ARENARIUS.*

Ajoutez aux synonymes :

Atlas du Manuel , *pl. lithog.* — DAS SANDFLUGHUHN.
Brehm. *Vög. Deutschl. pag.* 498. — Naum. *Naturg.*
Deut. Neue Ausg. tab. 153. *Mâle et femelle.* — GANGA.
Savi, *Orn. Toscana. vol.* 2. *pag.* 172.—Gould. *Birds of*
Europ. part. 3.

Habite. L'espèce est très-commune dans les Pyrénées ;
le marché de Madrid en est abondamment pourvu pendant tout l'hiver.

GANGA CATA. — *P. SETARIUS.*

Ce Ganga a le plumage variable, suivant la saison de l'année. Les *mâles* ont des taches blanches à la gorge ; leur dos est aussi plus ou moins
varié. Les *femelles* ont le collier supérieur plus
ou moins distinct, et le reste du plumage varie
aussi.

Ajoutez aux synonymes ;

Atlas du Manuel, pl. lithog.—OENAS CATA. Vieill. *Faune*
franç. pag. 262. *pl.* 115. *fig.* 1. — Roux. *Orn. provenç.*
vol. 2. *pag.* 20, *tab.* 248. *Mâle et tête de la femelle, tab.*
249. *Jeune de l'année et la tête du mâle en mue.*—Gould.
Birds of Europ. part 2.

Habite. Commun en Provence dans les plaines incultes de la Crau ; il fuit les terrains cultivés et n'habite que les landes stériles du Midi ; abondant dans les Pyrénées. On en trouve toute l'année sur les marchés de Madrid.

Propagation. Pond, dans un creux en terre, deux ou trois œufs. Ils sont à peu près d'égale grosseur aux deux bouts ; d'un gris isabelle marqué de petits points bruns et de grandes taches noires.

GENRE QUARANTE-NEUVIÈME.

PERDRIX. — *PERDIX.*

Caractères. Voyez *Manuel*, vol. 2, pag. 480.

PREMIÈRE SECTION.

FRANCOLINS.

Caractères. Voyez *Manuel*, vol. 2, page 482.

FRANCOLIN A COLLIER ROUX. — *P. FRANCOLI-NUS.*

Ajoutez aux synonymes :

Atlas du Manuel, pl. lithog.—Gould. *Birds of Europ.* part. 3. *Mâle et femelle.*—FRANCOLINO. Savi. *Orn. Tosc.* vol. 2. pag. 187.

Nourriture. Baies de myrte et des brins d'herbe. On ne le trouve pas en Sardaigne ni dans le royaume de Naples ; il est encore assez abondant dans les lieux humides entre Caltagirone et Terranova ; mais l'espèce est presque anéantie partout ailleurs. Les sujets du Bengale et de la Perse ne diffèrent point de ceux d'Europe.

DEUXIÈME SECTION.

PERDRIX PROPREMENT DITES.

Caractères. Voyez *Manuel*, vol. 2, page 484.

PERDRIX BARTAVELLE. — *P. SAXATILIS.*

Ajoutez aux synonymes :

Atlas du Manuel, pl. lithog. — Vieill. *Faune franç.* pag. 252. tab. 109. fig. 3.—Roux. *Orn. provenç. vol.* 2. *pag.* 41. *tab.* 259.— Das Schien und steinhuhn. Brehm. *Vög. Deut. pag.* 522 *et* 523. — Naum. *Naturg. Deut. Neue Ausg. tab.* 164. — Gould. *Birds of Europ.* — Coturnice. Savi. *Orn. Tosc. vol.* 2. *pag.* 191. — Bonap. *Fauna Italica, fasc.* 6.

PERDRIX ROUGE. — *P. RUBRA.*

Ajoutez aux synonymes :

Atlas du Manuel, pl. lith. — Gould. *Birds of Europ.*

part. 1. — Vieill. *Faune franç.* pag. 251. *pl.* 109. — Roux. *Orn. provenç. vol.* 2. *p.* 38. *tab.* 257 *et* 258. — Brehm. *Vog. Deutschl. Neue Ausg. tab.* 165.—PERNICE. Savi. *Orn. Tosc. v.* 2. *pag.* 193.

On trouve cette espèce au Japon, sans qu'elle y ait éprouvé la moindre différence dans les formes ou la coloration du plumage.

PERDRIX GAMBRA. — *P. PETROSA.*

Le *mâle* se distingue de la femelle par le tubercule très-prononcé de ses pieds ; le collier est plus large et les couleurs sont plus vives.

La variété constante qui habite les côtes de Barbarie, est moins grande ; son plumage est fortement nuancé d'une teinte isabelline, comme on le voit chez les oiseaux qui vivent dans les déserts sablonneux de l'Afrique septentrionale. Les sujets du Sénégal et ceux de la Grèce ne diffèrent point de ceux qui vivent dans les îles de la Méditerranée.

Ajoutez aux synonymes :

Atlas du Manuel, pl. *lithog.* — Vieill. *Faune franç.* pag. 253. *tab.* 110. — Roux. *Orn. provenç. vol.* 2. *pag.* 42. *tab.* 260. — Gould. *Birds of Europ. part.* 17.

PERDRIX GRISE. — *P. CINEREA.*

Les indications fournies relativement à la *Perdrix de passage* et à la *Perdrix de montagne*, étant exactes et se trouvant avoir été vérifiées, ces espèces nominales doivent être rayées. La *Perdrix de montagne* serait, dit-on, un métis de la *Perdrix rouge* et de la *Perdrix grise*.

Ajoutez aux synonymes :

Atlas du Manuel, *pl. lithog.* — Vieill. *Faune franç.* —Roux. *Orn. provenç. vol.* 2. *pag.* 35. *tab.* 256.—Gould. *Birds of Europ.* — DAS GRAUE UND GRAULICHE FELD-HUHN. Brehm. *Vög. Deutschl. pag.* 524. — Naum. *Naturg. Deutschl. Neue Ausg. tab.* 163. — STARNA. Savi. *Orn. Toscana, vol.* 2. *pag.* 195. — RAPPHONA. Nils. *Skand. fauna. tab.* 30.

TROISIÈME SECTION.

CAILLES.

Caractères. Voyez *Manuel*, vòl. 2, page 491.

LA CAILLE. — *P. COTURNIX.*

Les sujets qui nous ont été adressés du Japon ne diffèrent presque point de ceux d'Europe et d'Afrique. Cette espèce varie par la taille, plus ou moins forte, absolument comme notre *petite perdrix grise ou dite de passage.*

Ajoutez aux synonymes :

Atlas du Manuel, pl. lithog. — Vieill.' *Faune franç.* pag. 255. *tab.* 111.— Roux. *Orn. provenç. vol.* 2. *p.* 43, *tab.* 261. — Gould. *Birds of Europ. part.* 13. — GROSSE', MITTLERE und KLEINE WACHTEL. Brehm. *Vög. Deutschl.* pag. 526 à 528. — Naum. *Naturg. Deutschl. Neue Ausg. tab.* 166. — QUAGLIA. Savi, *Orn. Tosc. vol.* 2. *pag.* 199.

QUATRIÈME SECTION-

COLINS.

Ils vivent dans les buissons et dans les taillis, toujours par compagnies, mais aussi souvent isolément sur les arbres.

COLIN COLENICUI.

PERDIX BOREALIS (MIHI).

Front blanc ; sommet de la tête et dos bruns ; cette couleur prend une teinte marron et est bordée de noir sur le sinciput ; le dessus du cou est marqué de noir et de blanc ; des lignes vermiculées parcourent les couvertures supérieures des ailes et des pennes secondaires, qui sont frangées de roussâtre très-clair sur leur bord intérieur ; le croupion, les couvertures supérieures de la queue et les deux pennes intermédiaires portent des taches et des zigzags noirs et blancs ; les pennes latérales sont d'un gris cendré bleuâtre ; deux bandes se font remarquer sur les côtés de la tête, l'une blanche en forme de sourcil vient aboutir vers l'occiput ; l'autre est noire, part de l'angle du bec, couvre le méat auditif, descend sur les côtés du cou, et encadre, par une bande très-large, le grand espace blanc de la gorge ; des raies étroites, noires et transversales sont répandues sur le ventre et la poitrine ; les flancs sont bruns et parsemés de taches ovales blanches lisérées de noir et qui sont distribuées sur les bords dés plumes. Le bec est noir ; l'iris et les pieds sont rouges. Longueur de 6 1/2 à 7 pouces. *Le vieux mâle.*

La vieille femelle diffère par la couleur rousse qui occupe le front, les sourcils et la gorge ; elle a sur le devant du cou un collier composé de petites taches noires ; au dessous de ce collier la teinte est d'un roux nuancé de couleur lie-de-vin ; le milieu du ventre est blanc.

Le jeune mâle, avant la première mue, res-
remble à *la femelle*; ceux d'un an ont du noir,
du blanc et du roux mêlé aux plumes de la tête;
les bordures d'un roux clair aux scapulaires sont
moins larges, et les bandes transversales des parties inférieures sont moins nettement prononcées que dans le mâle adulte.

Perdix Americana, Novæ Angliæ et Ludoviciana.
Briss. *Orn. vol.* 1. *pag.* 230. 239 *et* 258. *sp.* 7. 6 et 20.
tab. 22. *fig.* 2. — Tetrao Virginianus, Marylandus et
mexicanus. Gmel. *Syst.* 1. *pag.* 761 *et* 762. *sp.* 14. 16 et
17.—Attagen Americanus. Frisch. *Vög. Europ. tab.* 113,
mas. — Tetrao Coyolcos. *Gmel. Syst.* 1. *pag.* 763. —
Perdix borealis. Temm. *Pig. et Gall. vol.* 3. *pag.* 436.
— Vieill. *Galer. des Ois. vol.* 2. *pag.* 44. *tab.* 214. *vieux
mâle.* — Perdrix d'Amérique, de Nouvelle Angle-
terre ou le Colenicui. Buff. *Ois. vol.* 2. *pag.* 399. 447
et 448. — Id. *Pl. enl.* 149. *le mâle.* — Caille de Vir-
ginie. Sonn. *Nouv. édit. de Buff. Ois. vol.* 7. *pag.* 147.
— Caille d'Amérique, Maryland et Colenicui. Bonat.
Tab. encyclop. Orn. pag. 219 *à* 223. — Le Coyolcos.
Buff. *Ois. vol.* 2. *pag.* 486. — Id. *Nouv. édit. de Sonn.
vol.* 7. *pag.* 121.—New England partridge. Alb. *Birds
vol.* 1. *pag.* 28.—Brown, *Nat. Hist. of Jamaica. p.* 471.
Virginian partridge. Catesb. *Carol. vol.* 3. *tab.* 12. —
Lath. *Gen. Syn. vol.* 4. *pag.* 777.—Maryland and Loui-
siana quail. Lath. *Gen. Syn. vol.* 4. *pag.* 778.—Penn.
Arct. Zool. vol. 2. *pl.* 185.

Habite. Sa véritable patrie sont les États-Unis d'Amérique, depuis le Canada jusqu'au Mexique. On a transporté ces gallinacés à la Jamaïque, où ils ont très-bien réussi ; depuis peu ils sont également indigènes en Angleterre, où on les a aussi transportés ; aujourd'hui ils y prospèrent et s'y acclimatent parfaitement. On en voit de sauvages dans les comtés de Norfolk et de Suffolk. M. Yarrel dit qu'ils y sont parfaitement naturalisés, absolument de la même manière que le sont les faisans, *Phasianus colchicus.*

Nourriture. Graines, et lorsque cet aliment vient à manquer, ils mangent les boutons et les bourgeons des arbustes et les premières pousses des végétaux.

Propagation. En Amérique, leur ponte est double ; le mâle seul accompagne la première couvée ; lorsque la seconde est éclose, tous les individus des deux couvées se réunissent. Il est probable qu'ils ne font qu'une couvée en Europe. Le nid est pratiqué dans les broussailles avec des feuilles grossièrement arrangées ; pond de dix-huit jusqu'à vingt-quatre œufs blanchâtres.

GENRE CINQUANTIÈME.

TURNIX. — *HEMIPODIUS.*

Caractères. Voyez *Manuel*, vol. 2, pag. 493, et ajoutez que les *Turnix* vivent solitaires et n'émigrent point ; ils paraissent même ne pas s'éloigner beaucoup des lieux où ils sont nés. Leur demeure est dans les hautes herbes, d'où il est difficile de les faire partir; lorsqu'ils se décident à prendre le vol, ce n'est qu'à une très-petite distance qu'ils le soutiennent, sans jamais s'élever beaucoup au dessus des hautes herbes, dans lesquelles ils cherchent aussitôt leur abri, et hors desquelles il est rare qu'on puisse parvenir à leur faire prendre l'essor une seconde fois; ils s'y blottissent alors si opiniâtrément qu'on pourrait les écraser sous les pieds. Leur vol est de si courte durée qu'à peine le chasseur peut trouver assez de temps pour les ajuster et les abattre; ils plongent immédiatement dans l'épaisseur des herbes et disparaissent pour ne plus se montrer.

Remarque. Nous avons tout lieu de croire qu'on ne trouve en Europe qu'une seule espèce de *Turnix*, notre *Tachydrome*. Abusé par les indications des auteurs systématiques, nous croyons avoir mis trop d'importance à la fidélité d'un dessin de Turnix, fait sur un sujet qu'on nous a dit venir d'Espagne et qui faisait jadis partie de la collection Lévérienne, à Londres. C'est sur la vue de cet individu, et d'après le dessin mentionné, encore en notre possession, que l'article du *Turnix à croissans*, du Manuel, vol. 2, p. 495, a été établi. N'ayant eu depuis ce temps aucune connaissance de cette seconde espèce européenne, il nous paraît plus prudent de la supprimer ici, et nous sommes d'avis qu'il faudra reporter à l'article du *Turnix tachydrome* tout ce qui se trouve dit sur le *Tetrao Gibraltaricus* des auteurs.

TURNIX TACHYDROME. — *H. TACHYDROMUS.*

Ajoutez que *le mâle et la femelle* ne diffèrent presque point par le plumage. Iris jaune ; pieds livides.

Ajoutez aux synonymes :

Atlas du Manuel, *pl. lithog.* — Roux. *Orn. provenç. vol.* 2. *pl.* 263 *bis, le jeune.* — Gould. *Birds of Europ. part.* 14. — QUAGLIA DI GIBRALTERRA e d'ANDALUSIA. Savi. *Orn. Toscane. vol.* 2. *pag.* 204.

Habite. Nous avons reçu des individus de Tripoli qui diffèrent un peu de ceux d'Europe, par une légère teinte Isabelle. MM. Cantraine et Biberon nous assurent que l'espèce est commune en Sicile, dans les environs de Catane. Elle y est connue sous le nom de *Tringuine.* On la trouve assez souvent dans les mêmes lieux que les *Francolins*, mais aussi.dans les dunes. Elle est très-véloce à la course et met souvent le chasseur en défaut. Elle n'émigre point, car on en tue encore en novembre et décembre.

ORDRE ONZIÈME.

ALECTORIDES. — *ALECTORIDES.*

Caractères. Voyez *Manuel*, vol. 2, p. 497.

GENRE CINQUANTE-UNIÈME.

GLARÉOLE. — *GLAREOLA.*

Caractères. Voyez *Manuel*, vol. 2, page 498.

GLARÉOLE A COLLIER. — *G. TORQUATA.*

Ajoutez aux synonymes :

Atlas du Manuel, pl. *lithog.* — Roux. *Orn. provenç.* vol. 2. *tab.* 327. — Gould. *Birds of Europ.* — DAS OESTREICHISCHE , HALSBAND und SUDLICHE SANDHUHN. Brehm. *Naturg. Deutschl. pag.* 565. — PERNICE DI MARE. Savi. *Orn. Tosc. vol.* 2. *pag.* 214.

Habit. Niche en Sardaigne; très-abondant en Dalmatie, sur les bords du lac Boccagnaro, lors de son passage au printemps.

Propagation. Pond des œufs d'un blanc jaunâtre.

ORDRE DOUZIÈME.

COUREURS. — *CURSORES.*

Caractères. Voyez *Manuel,* vol. 2, p. 504.

GENRE CINQUANTE-DEUXIÈME.

OUTARDE. — *OTIS.*

Caractères. Voyez *Manuel*, vol. 2, page 505.

PREMIÈRE SECTION.

Caractères. Voyez *Manuel*, vol. 2, pag. 506.

OUTARDE BARBUE. — *O. TARDA.*

On trouve des individus, souvent des familles,
constamment plus petits que le type normal;
souvent aussi des mâles d'une taille énorme, et
dans le temps des amours, des mâles ayant les
plumes des côtés de la poitrine un peu plus longues que celles du milieu; ceux-là ont ordinai-

rement la barbe du devant du cou très-longue et touffue. Les dimensions plus ou moins fortes dépendent de causes locales, et le plus souvent de la nourriture.

Ajoutez aux synonymes :

Atlas du Manuel, pl. lithog. — Roux. *Orn. provenç.* v. 2. *tab.* 264. — Gould. *Birds of Europ. part.* 13. — Naum. *Naturg. Deut. Neue Ausg. tab.* 167 *un très-vieux mâle, tab.* 168 *la femelle.* — Deutscher und Kleiner trappe. Brehm. *Naturg. Deut. p.* 532. — Starda. Savi. *Orn. Tosc. v.* 2. *p.* 218.

Habite. Cette espèce est commune en Dalmatie et dans tout le Levant. Son vol est très-élevé et ses voyages se font de nuit. Ces oiseaux ont l'habitude de se garder par une sentinelle qui veille sans cesse aux dangers et avertit de l'approche du chasseur.

OUTARDE CANEPETIÈRE. — *O. TETRAX.*

Dans le temps des amours, les plumes noires des côtés du cou et celles de l'occiput deviennent plus longues dans le mâle ; elles forment une collerette latérale que l'oiseau peut épanouir en relevant en même temps sa petite huppe occipitale.

Ajoutez aux synonymes :

Atlas du Manuel, pl. lithog. — Roux. *Orn. provenç.* v. 2. *tab.* 265. — Gould. *Birds of Europ. part.* 2. —

DER KLEINE TRAPPE. Brehm. *Vög. Deutschl. p.* 533. —
Naum. *Naturg. Deutschl. Neue Ausg. tab.* 169. — GAL-
LINA PRATAIOLA. Savi. *Orn. Tosc. v.* 2. *p.* 219.

Habite. Très-commune au printemps en Sardaigne.

DEUXIÈME SECTION.

Caractères. Voyez *Manuel*, vol. 2, page 509.

OUTARDE HUBARA (1). — *O. HUBARA.*

La femelle ressemble au mâle par les teintes
et la distribution du plumage; sa tête n'est pas
ornée de la huppe de longues plumes blanches,
mais couverte de plumes courtes semblables à celles du cou; elle n'a pas non plus de longs panaches aux parties latérales du cou et de la poitrine,
mais celles qui couvrent ces parties sont beaucoup plus courtes, quoique effilées, soyeuses et
colorées de noir et de blanc comme dans le mâle.
Le devant du cou est roussâtre varié de zigzags
bruns et marqué de petites taches noires. Au to-
tal, la *femelle* est plus petite que le *mâle;* elle n'a
point de huppe, et les plumes du collier sont
beaucoup moins longues. Le *vieux mâle*, dans
le temps des amours, a les plumes de la huppe
longues et pendantes, et celles du bas du cou
tombent sur le manteau en grands panaches ,

(1) On doit orthographier *Hubara* et non pas *Houbara*.

longs de plusieurs pouces ; elles sont composées de plumes à longues barbes désunies et soyeuses, que l'oiseau paraît avoir la faculté de déployer et d'étaler en forme de demi-cercle ou de roue.

Ajoutez aux synonymes :

Atlas du Manuel, pl. lith. — Gould. *Birds of Europ.* part. 4, *le vieux mâle.* — KRAGENTRAPPE. Brehm. *Vög. Deutschl. p.* 534.—Naum. *Naturg. Deutschl. Neue Ausg.* tab. 170, *le vieux mâle.*

Habite. L'apparition de cette espèce dans le centre de l'Europe est très-accidentelle; le dernier exemple d'une capture faite en Allemagne, a eu lieu en 1822, près d'Offenbach. On la voit accidentellement en Dalmatie dans le cercle de Raguse ; et plus souvent dans quelques îles de l'Archipel. Tous les individus que nous avons reçus de Tripoli, où l'espèce est très-commune dans l'intérieur, ressemblent exactement à ceux tués en Europe.

GENRE CINQUANTE-TROISIÈME.

COURE-VITE. — *CURSORIUS.*

Caractères. Voyez *Manuel*, vol. 2, page 511.

COURE-VITE ISABELLE. — *C. ISABELLINUS.*

Le *mâle* et la *femelle* ont à peu près le même plumage.

Ajoutez aux synonymes :

Atlas du Manuel, pl. lith. — Roux. *Orn. provenc. v.* 2. *tab.* 269. — Gould. *Birds of Europ. part.* 7 *l'adulte et le jeune de l'année.* — Naum. *Naturg. Deut. Neue Ausg. tab.* 171, *le mâle et le jeune de l'année.*—ISABELLFARBIGER LAUFER. Brehm. *Vög. Deut. p.* 536.—CORRIONE BIONDO. Savi. *Orn. Tosc. v.* 2. *p.* 223.

Habite. Se montre accidentellement en Lombardie, volant avec les *alouettes*, en compagnie desquelles il tombe souvent dans les filets des oiseleurs. Les sujets qui nous ont été envoyés de Tripoli ne diffèrent que par leur teinte un peu plus pâle ou plus blonde.

ORDRE TREIZIÈME.

GRALLES. — *GRALLATORES.*

Caractères. Voyez *Manuel*, vol. 2, p. 516.

Ajoutez à la *remarque*, page 517,

Que nous avons trouvé dans une collection de dessins, rassemblés par feu Levaillant, la figure du petit *gralle bi-dactyle* dont il n'est pas fait mention; cette figure n'était accompagnée d'aucune notice, pas même de nom ni d'origine indiqués. La taille de ce singulier oiseau est celle de la grive; le bec ressemble exactement à celui des *pluviers;* les pieds sont aussi comme ceux de ce genre d'oiseaux, seulement avec cette différence que les doigts sont au nombre de deux; l'interne long et l'externe de moitié plus court; le plumage est d'un gris brun, unicolore partout. Peut-être parviendra-t-on à trouver, soit dans l'Inde, soit en Afrique, l'espèce qui ressemble à ce portrait, probablement fait d'après nature. Ce serait un genre très-intéressant dans cet ordre d'oiseaux; si on parvient à le découvrir, on pourrait lui donner pour nom générique *Autruchon.*

PREMIÈRE DIVIS. — GRALLES A TROIS DOITGS.

Caractères. Voyez *Manuel*, vol. 2, p. 519.

GENRE CINQUANTE-QUATRIÈME.

ŒDICNÈMÈ. — *ŒDICNEMUS.*

Caractères. Voyez *Manuel*, vol. 2, page 519.

ŒDICNÈMÈ CRIARD. — *OE. CREPITANS.*

Ajoutez aux synonymes :

Atlas du Manuel, pl. lith. — Roux. *Orn. prov. v.* 2. *tab.* 266. — Gould. *Birds of Europ. part.* 11.—Naum. *Naturg. Deut. Neue Ausg. tab.* 172. — DER SCHREIEN-DE, HAIDEN und SANDDICKFUSS. Brehm. *Vög. Deutschl.* p. 538. — OCCHIONE. Savi. *Orn. tosc. v.* 2. *p.* 225.

~~~~~~~~~~~~~~~~~

GENRE CINQUANTE-CINQUIÈME.

SANDERLING.—*CALIDRIS.*

Caractères. Voyez *Manuel*, vol. 2, page 522.

SANDERLING VARIABLE. — *C. ARENARIA.*

Ajoutez aux synonymes :

Atlas du Manuel, pl. lith. — SANDERLING ROUGEA-TRE. Roux. *Orn. provenç. v.* 2. *tab.* 270 *en plumage*
~~~~~~~~~~~~~~~~~

des noces. — SANDERLING COURVILETTE. Vieill. *Galerie des ois. v. 2. tab. 234, en plumage d'été*. — Gould. *Birds of Europ. part. 19, en plumage parfait d'été et d'hiver.* — Naum. *Naturg. Deutschl. Neue Ausg. tab. 182 individus dans les trois livrées, celle d'été encore imparfaite.* — DER HOCHKÖPFIGE, PLATTKÖPFIGE und AMERIKANISCHE SÄNDERLING. Brehm. *Vög. Deutschl. p. 673.* — CALIDRA. Savi. *Orn. Tosc. v. 2. p. 249.*

Habite. Les sujets du Japon, qui sont tous en plumage d'hiver, ne diffèrent point de ceux de nos climats, ni de ceux tués également en plumage d'hiver ou en livrée du jeune âge dans les îles de la Sonde et à la Nouvelle-Guinée. Il ne nous est parvenu en aucun cas, de ces contrées, des individus sous leur plumage des noces; ceux qu'on reçoit dans la livrée parfaite des amours nous viennent tous des régions du cercle arctique; ce n'est qu'accidentellement qu'on voit en été des individus isolés sur nos côtes maritimes; toutefois on en tue dans leur parure d'été semi-parfaite, lorsque leur passage sur nos côtes a lieu à une époque assez avancée dans le printemps.

Propagation. On ne sait encore rien sur la nidification ni sur la couleur des œufs. Faber les a vus venir en Islande, mais il croit que l'espèce pousse sa migration jusqu'au-delà du 67° degré, et va nicher au Groënland et sur la côte de Labrador.

GENRE CINQUANTE-SIXIÈME.

ÉCHASSE. — *HIMANTOPUS.*

Caractères. Voyez *Manuel*, vol. 2, page 527.

ÉCHASSE A MANTEAU NOIR. — *H. MELANO-PTERUS.*

Ajoutez aux synonymes :

Atlas du Manuel, *pl. lithog.* — Roux. *Orn. provenç. vol.* 2. *tab.* 267. — Gould. *Birds of Europ. part.* 3. — HYPERBATES HIMANTOPUS. Naum. *Naturg. Deutschl. Neue Ausg. tab.* 203. On ne voit point de motif plausible pour ce changement du nom de genre.—HIMANTOPUS LONGIPES. Brehm. *Vög. Deutschl. pag.* 683. Cet auteur a jugé convenable de changer le nom spécifique. — CAVALIERE d'I-TALIA. Savi. *Orn. Tosc. vol.* 2. *pag.* 232.

Habite. De passage en France ; niche en Sardaigne. Les sujets du Japon ne diffèrent point.

Propagation. Niche sur une petite éminence construite dans les marais ; pond quatre œufs de la grosseur et de la forme de ceux de l'Avocette, d'un verdâtre terne, marqué de nombreuses taches cendrées, et pointillé de moyennes et de très-petites taches d'un brun rougeâtre.

GENRE CINQUANTE-SEPTIÈME.

HUITERIER. — *HÆMATOPUS.*

Caractères. Voyez *Manuel*, vol. 2, page 530.

HUITERIER PIE. — *H. OSTRALEGUS.*

Ajoutez aux synonymes :

Atlas du Manuel, pl. lithog. — Roux. *Orn. provenç.* vol. 2. pag. 268. — Naum. *Naturg. Deut. Neue Ausg.* tab. 181. Les deux états de plumage et une variété accidentelle portant une huppe occipitale blanche et un large collier blanc sur la poitrine. — Gould. *Birds of Europ.* — DER NORDISCHE, OSTSEE und ÖSTLICHE AUSTERN-FISCHER. Brehm. *Vögl. Deutsch. pag.* 561. Les deux dernières espèces nominales du pasteur Brehm, offrent, comme principal caractère différentiel, d'avoir le nombre impair de 29 pennes aux ailes, anomalie toute nouvelle en ornithologie, et qui sert à donner une idée de la valeur des espèces distinctes signalées par cet auteur. L'huiterier, à l'état normal, a 30 pennes aux ailes. — BECCACCIA DI MARE. Savi. *Orn. Tosc. vol.* 2. *pag.* 229. — STRANDSKATA. Nils. *Faun. Skand. tab.* 50.

Habite. L'Huiterier fait aussi partie des oiseaux qui habitent le Japon ; il nous parvient toujours dans le plumage d'été.

GENRE CINQUANTE-HUITIÈME.

PLUVIER. — *CHARADRIUS.*

Caractères. Voyez *Manuel*, vol. 2, page 533.

PLUVIER DORÉ. — *CH. PLUVIALIS.*

Les sujets tués dans les régions intertropicales de l'Ancien-Monde sont toujours revêtus du plumage d'hiver; il ne nous est pas encore parvenu d'individus en livrée parfaite des noces. La race de ces climats est constamment plus petite dans toutes ses dimensions que celle de nos contrées. Les individus tués au Japon ne diffèrent pas essentiellement de ceux d'Europe.

Ajoutez aux synonymes :

Atlas du Manuel, pl. lithog. — Roux. *Orn. provenç. vol. 2. tab. 271, en plumage parfait d'été; tab. 272, le jeune de l'année.* — CHARADRIUS AURATUS. Naum. *Naturg. Deut. Neue Ausg. tab. 173, en plumage parfait des noces et le jeune.* — Gould. *Birds of Europ. part. 1.* — DER PLATT-KÖPFIGE, HOCHSTIRNIGE, MITTLERE und HOCHKÖPFIGE GOLD-REGENPFEIFER. Brehm. *Vög. Deut. p. 541 et suivantes.* — BROCKFOGEL. Nils. *Skand. Faun. tab. 112.* — PIVIERE. Savi. *Orn. Tosc. vol. 2. pag. 235.*

Habite. Niche dans les régions tempérées du nord de

l'Europe, mais en plus grand nombre dans les parties boréales. Est de passage dans le midi et émigre vers les côtes d'Afrique.

PLUVIER ARMÉ.

CHARADRIUS SPINOSUS. (Linn.)

Taille et formes à peu près les mêmes que notre Pluvier doré ; mais le poignet des ailes armé d'un fort éperon pointu et noir; à l'occiput, quelques plumes un peu plus longues, pendantes.

Tout le sommet de la tête et l'occiput, la gorgerette, le devant du cou, la poitrine, les flancs, les rémiges et les trois quarts de la queue, d'un noir parfait; la région au dessous des yeux, de la base latérale du bec, les côtés du cou, la nuque, les longues plumes des flancs, la partie interne des ailes, tout le bord de l'aile, les cuisses, l'abdomen, le croupion et le premier quart de l'origine de la queue, d'un blanc pur; tout le manteau, les pennes des ailes les plus proches du corps, ainsi que toutes les couvertures, d'un gris brun plus ou moins foncé, ou de teinte de terre d'ombre; les deux pennes latérales de la queue terminées de blanc. Bec, pieds et éperons noirs. Longueur totale de 10 à 11 pouces. *Le mâle et la femelle en plumage parfait.*

Nous ne savons pas si la double mue opère des changemens dans cette livrée qui vient d'être signalée, et qui est celle d'été. J'ai vu un sujet femelle, sous ce plumage, tué en octobre dans le midi de l'Europe, *on nous a dit* en Sicile. Le plumage *du jeune* ne nous est pas connu.

CHARADRIUS SPINOSUS. Gmel. *Syst.* 1. *pag.* 690. — Hasselq. *It. pag.* 260. — Borowsk. *Nat. vol. pag.* 114. — PLUVIALIS SENEGALENSIS ARMATA. Briss. *Orn. vol.* 5. *pag.* 86. *tab.* 7 *fig.* 2. — Le PLUVIER A AIGRETTE et LE PLUVIER HUPPÉ DE PERSE. Buff. *Ois. vol.* 8. *pag.* 98 *et* 99. —PLUVIER ARMÉ DU SÉNÉGAL. Buff. *pl. enl.* 801. Figure bonne pour les formes totales et la coloration des parties inférieures, mais d'un ton trop foncé pour la coloration des parties supérieures. — Edwards. *tab.* 47. — *Grand ouvrage de l'expédit. d'Egypte, figure parfaite.*— SPUR-WINGED and BLACKBREASTED INDIAN PLOVER. Lath. *Syn. vol.* 5. *pag.* 213 *et* 214 *a.* — Edwards. *Glean. tab.* 280. — Russ. *Hist. of Alep. pag.* 72. *tab.* 11. — Gould. *Birds of Europ. part.* 22.

Habite. L'Égypte et le Sénégal; se montre accidentellement dans le midi de l'Italie; mais serait, suivant des *on dit*, plus commun dans les îles de l'Archipel. Effectivement, en Grèce, on le trouve en grand nombre. Un individu de cette espèce vient d'être tué en Russie par le professeur Nordmann.

Nourriture et *propagation.* Inconnues. Niche, selon toutes les probabilités, dans le midi de la Russie.

PLUVIER GUIGNARD. — *C. MORINELLUS.*

Ajoutez aux synonymes :

Atlas du Manuel, pl. lithog. — Roux. *Orn. provenç.*
vol. 2. *tab.* 273 *et* 274.—Gould. *Birds of Europ. part.* 2.
—EUDROMIAS MORINELLA, MONTANA ET STOLIDA. Brehm.
Vög. Deutschl. p. 545. On se demande sur quel caractère cette nouvelle coupe se trouve basée? — Naum.
Naturg. Deut. Neue Ausg. tab. 174, *sous les troïs li-*
vrées distinctes. — PIVIERE TORTOLINO. Savi. *Orn. Tosc.*
vol. 2. *p.* 239.

Propagation. Niche aussi en Norwége sur les grands
plateaux des montagnes non boisées, sous le 67ᵉ degré ;
on le trouve aussi, quoiqu'en petit nombre, sur les hautes montagnes de la Bohème et de la Silésie, à une élévation de 4500 ou 4800 pieds. Le nid est formé de lichen.
Pond trois ou quatre œufs, dépourvus de lustre, d'un
olivâtre clair, parsemé de gros points et de nombreuses
taches d'un brun olivâtre foncé.

PLUVIER A PLASTRON ROUX.

CHARADRIUS PYRRHOTHORAX (MIHI).

Taille intermédiaire entre le Guignard et le
grand Pluvier à collier. Une large bande d'un
marron noirâtre couvre le front, se dirige sur les
lorums, entoure les parties antérieures et inférieures des yeux, et va couvrir la région des
oreilles ; derrière cette bande frontale s'en trouve
une seconde plus étroite, d'un blanc terne, qui

forme au dessus des yeux de larges sourcils ; le sommet de la tête, tout le dos, les ailes et leurs couvertures sont d'un cendré brun clair ; rémiges brunes à baguettes blanches. Sur la poitrine, un ceinturon très-large qui remonte sur une partie du devant du cou, se dirige sur les côtes et se réunit en collier sur la nuque ; ce large dessin est d'un roux clair, mais de teinte isabelle sur la nuque ; la gorge, une partie du devant du cou, le ventre, les cuisses et l'abdomen sont d'un blanc pur ; les pennes de la queue sont d'un brun plus foncé aux pennes du milieu qu'aux latérales ; la pénultième est grise en dehors, blanche intérieurement, et terminée par une grande tache brune ; la dernière est toute blanche avec une petite tache brune vers le bout. Les pieds sont cendrés, et le bec est noir. Longueur totale, 7 pouces. *Le mâle et la femelle en livrée d'été.*

Le plumage d'hiver ne nous est pas connu.

Les jeunes ont le double bandeau faiblement indiqué et mêlé de plumes blanches ; le très-large ceinturon et le collier n'existent pas ou se trouvent faiblement indiqués par quelques taches rousses ; le brun cendré des parties supérieures du corps et de la tête est bordé de roussâtre terne.

CHARADRIUS PYRRHOTHORAX. Gould. *Birds of Europ.*
part. 20.

Habite. La Russie ; un sujet a été tué dans les environs de Saint-Pétersbourg. M. Gould dit qu'on trouve
aussi ce pluvier dans l'Inde.

Nourriture et *propagation.* Inconnues.

GRAND P. A COLLIER. — *C. HIATICULA.*

Ajoutez aux synonymes :

Atlas du Manuel, pl. lithog. — Roux. *Orn. provenç.*
vol. 2. *tab.* 275. — Gould. *Birds of Europ. part.* —
ÆGIALITIS SEPTENTRIONALIS ET HIATICULA. Brehm. *Vög.*
Deutschl. pag. 548. A quoi nous sert ici cette nouvelle
coupe, basée principalement sur la taille et sur la distribution des couleurs? M. Nauman fait de ses *Ægialites*
un nom de famille, mais en laissant aux espèces leurs
anciennes dénominations. Naum. *Naturg. Deut. Neue*
Ausg. tab. 175. — CORRIERE GROSSO. Savi. *Orn. Toso.*
vol. 2. *pag.* 241.

Habite. Se trouve jusqu'au Japon.

PETIT P. A COLLIER. — *C. MINOR.*

Ajoutez aux synonymes :

Atlas du Manuel, pl. lithog. — Roux. *Orn. provenç.*
vol. 2. *tab.* 276. — Gould. *Birds of Europ. part.* 11. —
DER FLUSS und KLEINE UFERPFEIFER. Brehm. *Vög. Deut.*

pag. 549. — Naum. *Naturg. Deut. Neue Ausg. tab.* 177.
— CORRIERE PICCOLO. Savi. *Orn. Tosc. vol.* 2. *pag.* 244.

Habite. Se trouve jusqu'au Japon.

PLUVIER A C. INTERROMPU. — *C. CANTIANUS.*

Ajoutez aux synonymes :

Atlas du Manuel, *pl. lithog.* — Roux. *Orn. provenç.
vol.* 2. *tab.* 277. — Gould. *Birds of Europ. part.* 5. —
Naum. *Naturg. Deutschl. Neue Ausg. tab.* 176 , *les deux
livrées.* — DER WEISSLICHE, WEISSTIRNIGE und WEISS-
KEHLIGE UFERPFEIFER. Brehm. *Vög. Deut.* p. 550. —
FRATINO. Savi. *Orn. Tosc. v.* 2. *p.* 245.

Habite. Est très-commun dans l'Inde et dans ses archipels, mais ne nous est pas parvenu du Japon. Il est
aussi très-commun sur les bords de la Méditerranée.

SECONDE DIVISION.

GRALLES A QUATRE DOIGTS.

Caractères. Voyez *Manuel*, vol. 2, page 546.

GENRE CINQUANTE-NEUVIÈME.

VANNEAU. — *VANELLUS.*

Caractères. Voyez *Manuel*, vol. 2 , page 546.

Remarque. A ce genre viennent se réunir deux espèces
nouvelles pour l'Europe.

PREMIÈRE SECTION.

Caractères. Voyez *Manuel*, vol. 2, page 547.

VANNEAU PLUVIER. — *V. MELANOGASTER.*

Les sujets qui nous viennent des îles de la Sonde et de la Nouvelle-Guinée sont généralement beaucoup plus petits, et, quoique reçus en grand nombre et tués à différentes époques de l'année, il ne nous est pas encore parvenu un seul individu revêtu du beau plumage des noces; tous portent la livrée d'hiver, exactement semblable à celle de nos individus tués en Europe.

Ajoutez aux synonymes :

Atlas du Manuel, *pl. lithog.* — Roux. *Orn. provenç.* vol. 2, *tab.* 279. — Gould. *Birds of Europ. part.* 8. — SQUATAROLA VARIA ET HELVETICA. Brehm. *Vög. Deutschl.* p. 553. Ce nouveau nom générique, proposé par Cuvier, ne nous paraît pas plus satisfaisant ni plus nécessaire que toutes les autres coupes nouvelles. Naumann porte la manie des dénominations jusqu'à séparer cet oiseau de la famille et du genre, et à le distraire des congénères qui ont les mêmes formes. Il lui laisse toutefois, en allemand, le nom de KIEBITZ REGENPFEIFER. Naum. *Naturg. Deutschl. Neue Ausg. tab.* 178. — PIVIERESSA. Savi. *Orn. Tosc.* vol. 2. p. 253. — SPRACKLING VIPA. Nils. *Faun. Skåndinav. tab.* 45, *jeune.*

Habite. Les sujets du Japon nous sont parvenus sous le double plumage d'été et d'hiver. En mai 1830, M. Cantraine a tué dans le détroit de Boniface un jeune de cette espèce. Abondant en été dans les régions du cercle arctique et des climats orientaux , où il niche.

VANNEAU KEPTUSCHKA.

VANELLUS KEPTUSCHKA (Miᴇ̈ɪ).

Le front, de larges sourcils prolongés jusqu'à l'occiput et le menton, d'un blanc un peu terne ; couronne du sommet de la tête , une bande partant du lorum à l'œil, et une raie derrière cet organe , d'un noir parfait ; côtés de la tête , et haut du cou d'un roussâtre clair ; partie inférieure du cou, nuque, manteau, couvertures des ailes et dos, d'un gris légèrement olivâtre ; pennes secondaires des ailes d'un blanc pur ; rémiges d'un noir parfait ; poitrine cendré foncé, passant au noir vers le ventre , et se nuançant en une teinte marron vers l'abdomen ; côtés de l'abdomen, couvertures inférieures de la queue et ses deux pennes latérales d'un blanc pur , les autres marquées d'une tache noire plus ou moins étendue à leur centre ; bec et pieds noirs. Longueur 10 pouces 6 lignes. *Le vieux mâle.*

La femelle a des teintes un peu moins pures et plus lavées.

Les jeunes de l'année ont la couronne du sommet de la tête d'un brun cendré liséré de roussâtre ; le front et la large bande surciliaire indiqués par une teinte brune très-claire ; côté et partie supérieure du cou, poitrine, manteau et ailes d'un brun olivâtre liseré de brun plus clair ; menton, une partie du ventre et abdomen, d'un blanc pur ; pennes secondaires des ailes , rémiges et pennes caudales, comme chez l'adulte.

TRINGA KEPTUSCHKA. Lepech. *Vög. vol.* 2 , *p.* 229. — Gmel. *p.* 673. — Lath. *Ind. Orn. vol.* 2, *p.* 738 , *sp.* 42 *et p.* 745, *sp.* 13.—CHARADRIUS GREGARIUS. Pall. *Faun. russic. asiat. vol.* 2 , *p.* 133, *sp.* 256, *tab.* 56. — Gmel. *Syst.* 1. *p.* 684. —VANNEAU SOCIAL. Sonnin. *Édit. de Buff. Ois.* — GREGARIOUS PLOVER. Lath. *Syn. vol.* 5 , *p.* 206. — KEPTUSCHKA LAPWING. Gould. *Birds of Europ. part.* 22. *Figures exactes de l'adulte et du jeune de l'année.*

Habite. La Russie orientale, se montre de temps en temps dans les parties occidentales de cet empire, et visite accidentellement les parties intérieures de l'Europe; on en cite quelques exemples en Allemagne , et M. de Verneuil tua , en 1836 , un individu adulte en France.

Nourriture. Plantes herbacées, et insectes de marais.

Propagation. Niche dans les parties orientales de la Russie sur le bord des fleuves. Ponte inconnue.

DEUXIÈME SECTION.

Caractères. Voyez *Manuel*, vol. 2 , page 550.

VANNEAU HUPPÉ. — *V. CRISTATUS.*

M. Cantraine a tué à Umbla, le 5 décembre 1831, deux individus mâles qui avaient les deux pennes de la queue blanches, portant sur les barbes intérieures et vers l'extrémité une tache noire très-prononcée qui n'est que rudimentaire sur les barbes extérieures.

Ajoutez aux synonymes :

Atlas du Manuel, pl. lithog. — Roux. *Orn. provenç.* vol. 2, *tab.* 278. — Gould. *Birds of Europ.* — DER GEHAUBTE UND DOPPELHÖRNIGE KIEBITZ. Brehm. *Vög. Deut. page* 555. — Naum. *Naturg. Deut. Neue Ausg. tab.* 179. — FIFA. Savi. *Orn. Tosc. vol.* 2 , *p.* 256. — FOSS-WIPA. Nilss. *Skand. fauna, tab.* 97.

Habite. Les individus du Japon ne diffèrent en rien de ceux d'Europe.

GENRE SOIXANTIÈME.

TOURNE-PIERRE. — *STREPSILAS.*

Caractères. Voyez *Manuel*, vol. 2, page 552.

TOURNE-PIERRE A COLLIER. — *S. COLLARIS.*

Les sujets envoyés des différentes îles de la

Sonde, des Moluques, même de la Nouvelle-
Guinée, ne diffèrent point par leur livrée d'hiver
des individus d'Europe ; cependant il ne nous
est encore parvenu aucun individu en plumage parfait d'été, mais bien dans la livrée intermédiaire entre ces deux mues périodiques.
Les sujets du Japon offrent les deux livrées, et
les jeunes nous parviennent aussi de cette contrée.
On ne voit aucune différence dans les individus
d'Amérique, mais le plus grand nombre qu'on
obtient des parties de l'Amérique septentrionale
est toujours revêtu du beau plumage des noces ;
c'est même principalement de ces pays que nous
viennent les sujets en livrée parfaite d'été.

Ajoutez aux synonymes :

Atlas du Manuel, *pl. lithog.* — Roux. *Orn. provenç.*
vol. 2. *tab.* 280 *et* 281. — Gould. *Birds of Europ.*
— DER HALSBAND, NORDISCHE und UFER STEINWÆLZER.
Brehm. *Vög. Deuts. p.* 558. — Naum. *Naturg. Deuts.*
Neue Ausg. tab. 180, *dans les trois livrées.* — VOLTA-
PIETRE. Savi. *Orn. Tosc. vol.* 2, *p.* 260.

Propagation. Construit un nid'un peu élevé au dessus
des herbes marécageuses ou des broussailles des bruyères,
et dans un creux sablonneux. Pond des œufs qui ressemblent à ceux du Vanneau, proportionnellement aussi
grands, mais plus couverts de lustre.

GENRE SOIXANTE-UNIÈME.

GRUE. — *GRUS.*

Caractères. Voyez ci-après.

Bec de la longueur ou plus long que la tête, fort, droit, comprimé, pointu, en cône allongé, fléchi et obtus vers le bout; base de la mandibule cannelée ; arête élevée ; mandibule inférieure droite, pointue; Narines, vers le milieu du bec, percées de part en part dans la rainure, fermées par derrière par une membrane nue qui couvre la fosse nasale. Région des yeux et base du bec souvent nues, ou couvertes de mammelons. Pieds longs, forts; un grand espace nu au dessus du genou; des trois doigts de devant, celui du milieu réuni à l'externe par un rudiment de membrane; l'interne libre; le postérieur articulé sur le tarse, et ne portant à terre que par le bout.. Ailes médiocres; la première rémige plus courte que la deuxième, et celle-ci à peu près aussi longue que la troisième qui est la plus longue. *Pennes secondaires* les plus proches du corps arquées ou subulées, toujours plus longues que les rémiges.

Nous connaissons aujourd'hui trois espèces qui se montrent régulièrement en Europe.

GRUE LEUCOGÉRANE.

GRUS LEUCOGERANOS (PALL.).

La face et une partie de la tête jusqu'au-delà du bord postérieur des yeux glabres ; la peau rouge dont ces parties sont couvertes, est garnie de quelques poils noirs clairsemés. Tout le plumage de l'adulte est d'un blanc de neige ; les seules rémiges sont d'un noir parfait ; les grandes couvertures ont à leur extrémité une garniture de barbes désunies, mais celles-ci ne dépassent pas le bout des rémiges ; queue d'un blanc pur. Le bec est rouge ; l'iris des yeux est blanc et les pieds sont d'un rouge de laque. Hauteur 3 pieds 6 pouces. *Le vieux mâle.*

La femelle ne diffère point par les couleurs du plumage, elle est seulement plus grande ; sa hauteur est de 4 pieds.

Les jeunes de l'année ont la tête couverte d'un duvet couleur d'ocre ; la face, le bec et les pieds sont d'un brun olivâtre.

GRUS LEUCOGERANOS. Pall. *Voy.* 2, *p.* 714, *tab. figure*

médiocre. — Id. *Zoograph. Russo-asiat. vol.* 2, *p.* 103, *tab.* 54. — Falk. *Vög. vol.* 3, *p.* 360, *tab.* 25. — ARDEA GIGANTEA. Gmel. *Syst.* 1, *p.* 622. — Id. *Vög. vol.* 2, *p.* 189, *tab.* 21. — GRUE LEUCOGÉRANE. Temm. et Laug. *pl. color.* 467. *Mâle adulte.* — SIBIRIAN CRANE. Penn. *Arct. zool. p.* 455. — Lath. *Syn. vol.* 5, *p.* 37. — Gould. *Birds of Europ. part.* 23. *Vieux mâle.*

Habite. La Russie européenne et asiatique; de passage sur le Volga et en Tauride ; on la voit en Chine et jusqu'au Japon. Les bords des lacs et des fleuves couverts de vastes jonchaies sont les lieux de sa demeure ; elle est très-rusée, et se tient sur ses gardes contre ses ennemis en plaçant des vedettes qui donnent l'alarme à la troupe.

Nourriture inconnue, probablement comme les autres espèces du genre Grue.

Propagation. Construit avec des joncs un nid très-vaste, placé à terre dans les jonchaies ; la ponte est de deux œufs, de couleur cendrée tachetée de brun.

Anatomie. Pallas dit que la trachée décrit une courbure dans le sternum; mais il n'a pas indiqué comment cette partie est formée.

GRUE CENDRÉE. — *G. CINEREA.*

Ajoutez aux synonymes :

Atlas du Manuel, *pl. lithog.* — Roux. *Orn. provenç. vol.* 2, *tab.* 326. — Gould. *Birds of Europ. vol.* 4. — DER GRAUE und GRAULICHE KRANICH. Brehm. *Vög. Deuts. p.* 570. — GRUE. Savi. *Orn. Tosc. vol.* 2, *p.* 331.

Habite. Les sujets qui nous sont parvenus du Japon sont exactement les mêmes que ceux de nos contrées.

GRUE DEMOISELLE.

GRUS VIRGO (Briss.).

Un grand bouquet de longues plumes à barbes désunies et filamenteuses prend naissance derrière les yeux, et tombe de chaque côté de l'occiput en panache large, élégant et d'un blanc pur; joues, partie supérieure du cou, tout le devant du cou et les longues plumes subulées qui pendent au bas du cou, ainsi que les rémiges, d'un noir parfait; sommet de la tête, partie inférieure du cou postérieur, manteau, ailes, parties inférieures du corps, queue et les trois quarts des longues plumes subulées des scapulaires, d'une même teinte grise ou couleur de plomb; le bout des très-longues scapulaires noirâtre. Bec noir à la base seulement, le reste d'un jaune d'ocre; pieds d'un brun noirâtre. Longueur, plus de 3 pieds. *Le mâle et la femelle.*

Les jeunes ne diffèrent pas beaucoup des vieux, mais leur livrée, dans cet état, ne nous est pas connue.

Grus virgo. Pall. *Zoograp. Russo-asiat.* vol. 2,

p. 108.—ARDEA VIRGO. Linn. *syst.* 1, *p.* 234.—Lath. *Ind.*
Orn. vol. 2, *p.* 673, *sp.* 2.—GRUS NUMIDICA. Briss. *Orn.*
vol. 5, *p.* 388. —GRUE DE NUMIDIE OU DEMOISELLE. Buff.
Ois. vol. 7, *p.* 313, *tab.* 15.—Id. *pl. enl.* 241.—*Atlas du*
Manuel, pl. lithog. — NUMIDIAN CRANE. Alb. *Ois. vol.* 3,
tab. 83.— Edw. *Glean. tab.* 134.—*Phil. transact. p.* 210.
tab. 11, *la trachée.* — Lath. *Syn. Ornit. vol.* 5 , *p.* 35.
—Gould. *Birds of Europ. part.* 20.

Habits. Très-répandue dans le nord de l'Afrique, sur
les côtes de Barbarie , en Turquie et dans la Russie méridionale; assez abondapte près d'Odessa, visite accidentellement la Dalmatie, plus rare sur les côtes de la Méditerranée; tuée une seule fois en Suisse, près d'Aubonne,
et une en Piémont.

Nourriture. Comme les autres Grues; en domesticité
elle se nourrit à peu près de toutes sortes d'alimens.

Propagation, inconnue.

Anatomie. La trachée ne pénètre pas dans la cavité intérieure du sternum, mais forme une courbure circulaire
au-delà des fourches, et est enchâssée, en partie, dans
une large rainure creusée dans la face antérieure et semi-circulaire de l'os sternal.

GENRE SOIXANTE-DEUXIÈME.

CIGOGNE. — *CICONIA*.

Caractères. Voyez *Manuel*, vol. 2, page 559.

Nous mettons en tête de la section européenne de ce genre, *le Maguari*, comme étant l'espèce la plus grande, et servant à réunir par la forme retroussée de son bec, les Cigognes de la première section, ou les *Jabirus* de l'Ancien et du Nouveau-Monde, avec nos espèces européennes.

CIGOGNE MAGUARI.— *C. MAGUARI*.

Ajoutez aux synonymes :

Atlas du Manuel, *pl. lithog.* — Gould. *Birds of Europ.* part. 10.

Remarque. Depuis la publication de notre seconde édition, il n'est point venu à notre connaissance qu'un individu ait été tué dans les limites géographiques de 'Europe.

CIGOGNE BLANCHE. — *C. ALBA*.

Ajoutez aux synonymes :

Atlas du Manuel, *pl. lithog*. — Roux. *Orn. provenç.* *vol.* 2, *tab.* 324. — Gould. *Birds of Europ. part.* 6. —

Brehm n'en compte pas moins de quatre espèces ou races différentes, savoir : Der weisse, weissliche, reinweisse und kleine weisse storch. Brehm. *Vög. Deuts.* p. 573. Il sépare aussi en familles distinctes la *Cigogne blanche* et la *Cigogne noire ;* ce qui est bien enchérir sur tout ce qui a été tenté de nos jours en fait de classifications artificielles. — Ciconia biança. Savi. *Orn. Tosc. vol.* 2 , p. 336.

CIGOGNE NOIRE. — *C. NIGRA.*

Ajoutez aux synonymes :

Atlas du Manuel, *pl. lithog.* — Roux. *Orn. provenç. vol.* 2 , *tab.* 325. — Gould. *Birds of Europ. part.* 6. — Der schwartzbraune und schwartze storch. Brehm. *Vög. Deuts. p.* 576. — Ciconia nera. Savi. *Orn. toso. vol.* 2, *p.* 338.

Habite. M. Cantraine dit que l'espèce n'est pas rare en Toscane ; il en tua plusieurs dans les marais salins de Tombolo.

GENRE SOIXANTE-TROISIÈME.

HÉRON. — *ARDEA.*

Caractères. Voyez *Manuel*, vol. 2 , page 564; mais supprimez totalement la *remarque* de la page 365.

Nous avons distrait des *Hérons* les espèces qui ressemblent par le bec, par les pieds et par les mœurs, à notre *Bihoreau* d'Europe, sans toutefois prendre note de ces filets ou brins allongés qui ornent l'occiput du mâle de notre Bihoreau d'Europe, et d'un très-petit nombre d'espèces étrangères. Le genre *Nycticorax* comprendra ceux-ci. Nous laissons parmi les *Hérons*, et comme seconde division du genre, les *Butors* et les *Blongios*, qui ont approchant les mêmes caractères et les mœurs semblables des vrais *Hérons*.

PREMIÈRE SECTION.

HÉRON PROPREMENT DIT.

Caractères. Voyez *Manuel*, vol. 2, page 567.

HÉRON CENDRÉ. — *A. CINEREA.*

Ajoutez aux synonymes :

Atlas du Manuel, *pl. lithog.* — Roux. *Orn. provenç.* *vol.* 2, *tab.* 311. — Gould. *Birds of Europ. part.* 8. — DER GROSSE, GRAUE und GRAULICHE REIHER. Brehm. *Vög. Deuts.* p. 579. — NONNA. Savi. *Orn. Tosc. vol.* 2, *p.* 343. — HAGER. Nilss. *Skand. fauna, tab.* 100. — FISCHREIHER. Naum. *Naturg. Deuts. tab.* 220. *Adulte et jeune.*

Habite. Des individus, dans toutes les périodes de la vie, nous ont été adressés des régions intertropicales les plus reculées; ils font aussi partie des oiseaux qui peuplent les contrées du Japon et les côtes de la Corée.

HÉRON POURPRÉ. — *A. PURPUREA.*

Ajoutez aux synonymes :

Atlas du Manuel, *pl. lithog.* — Roux. *Orn. provenç. vol.* 2, *tab.* 312, *très-vieux*, et *tab.* 313, *jeune de l'année.* — Gould. *Birds of Europ. part.* 20. — Selby. *Brit. Orn. vol.* 2, *p.* 15. — Naum. *Naturg. Deuts. tab.* 221. *Adulte et jeune.* — DER KASPISCHE, MITTLERE und KLEINE PURPURREIHER. Brehm. *Vög. Deuts. p.* 581. — RANOCCIAJA. Savi. *Orn. Tosc. vol.* 2, *p.* 345.

Habite. Tout aussi abondante que l'espèce précédente et dans les mêmes climats qui viennent d'être désignés ci-dessus.

HÉRON AIGRETTE. — *A. EGRETTA.*

Remarque. Nonobstant ce qui a été avancé relativement à la différence qu'on fait valoir entre les sujets d'Europe et ceux d'Amérique, nous avons été long-temps avant de pouvoir nous assurer, par nos propres observations, de cette différence spécifique qui, dans le fait, est assez marquée pour autoriser la séparation spécifique d'avec l'espèce européenne répandue jusqu'en Asie. Quant à la dénomination systématique d'*Egretta* qu'on veut appliquer de préférence à l'espèce d'Amérique, on pourrait objecter que notre espèce européenne a plus de droit à la conservation de ce nom ; car, sous *Ardea alba*, dénomination proposée pour notre *Aigrette*, on ne peut comprendre que les seuls sujets dépourvus de leur parure accessoire du dos, ou bien les individus qui n'ont pas encore atteint leur troisième année , époque de la première apparition du panache dorsal. Je propose donc de conserver le nom de *Ardea egretta* à notre espèce, et de donner à celle d'Amérique le nom de *Ardea leuce.*

M. Boié a sans doute jugé que l'étude de l'Ornithologie gagnerait en clarté , en raison de l'abondance des nouvelles coupes méthodiques. Ce naturaliste réunit les *Hérons blancs* en un genre distinct, sous le nom de *Herodias ;* méthode qui porte quelques espèces dans cette coupe jusqu'à leur seconde ou troisième année , pour en faire ensuite des *Ardea* durant le reste de leur vie ; cette méprise ne peut manquer d'avoir lieu , vu que plusieurs espèces exotiques sont d'un blanc parfait dans les deux premières années de leur vie, et colorées de teintes fon_cées dans l'état adulte. On a distrait aussi l'*Ardea comata* sous le nom *Buphus* , et le *Butor* sous celui de *Botaurus ;* sauf encore quelques coupes nouvelles pour classer les Hérons exotiques.

Ajoutez aux synonymes :

Atlas du Manuel , *pl. lithog.* — ROUX. *Orn. provenç. vol.* 2 , *tab.* 314. *Un sujet, avan l'âge de trois ans, lorsqu'il n'a pas encore le dos orné de plumes effilées.* — GREAT WHITE HERON (Ardea alba). Selby. *Brit. Orn. vol.* 2 , *p.* 18. — Gould. *Birds of Europ. part.* 19. — SILBER- REIHER. Naum. *Naturg. Deuts. tab.* 222. *Adulte et jeune.* — DER GROSSE und FEDERBUSCHREIHER. Brehm. *Vög. Deuts. p.* 584. — DIE AMERIKANISCHE SILBERREIHER (*Herodias leuce*), du même auteur est la même espèce que l'Aigrette figurée par Wilsson, *Americ. Ornith. vol.* 7 ,

p. 406, *pl.* 61, *fig.* 4 ; elle paraît différente de notre espèce d'Europe. — AIRONE MAGGIORE. Savi. *Orn. Tosc.
vol.* 2, *p.* 347.

Habite. L'Aigrette qui nous vient du Japon est un plus
petite que celle de nos contrées : mais nous n'avons pu
trouver aucune autre différence. Indépendamment de
cette espèce semblable à la nôtre, on trouve encore au
Japon une seconde espèce de grand Héron portant aigrette, c'est notre espèce suivante. Les Hérons blancs
qui viennent des îles de la Sonde n'ont jamais encore été
vus avec leur panache dorsal, ils ressemblent exactement aux Aigrettes d'Europe avant leur troisième année, ou lorsque les plumes de parade sont tombées, car
nous ne sommes pas bien certain s'il est de fait que, les
panaches du dos existent seulement en été, ou bien si
e les sont permanentes chez l'adulte dans toutes les saisons de l'année, ce qui toutefois n'est pas probable.

HÉRON AIGRETTOIDE.

ARDEA EGRETTOIDES (Mihi).

*Bec à peine plus long que la tête ; nudité au
dessus du genou peu étendue ; une grande touffe
de plumes filamenteuses au bas du cou.*

D'un blanc pur partout ; les aigrettes du dos
et celles du bas du cou de cette teinte ; les deux
tiers du bec jaunes, mais à pointe noirâtre ; les

pieds noirs; peau nue des yeux d'un vert jaunâtre. Longueur totale de 26 à 27 pouces. *Les
vieux en livrée parfaite.*

L'état intermédiaire, ou les sujets sans panache
dorsal, ont tout le bec d'un noir parfait; le bouquet de plumes au bas du cou est beaucoup plus
court, quoique distinct.

Cette espèce inédite, ou jadis confondue avec
l'*Aigrette*, diffère essentiellement de celle-ci; elle
est de beaucoup moins grande, à pieds et bec
remarquablement plus courts; le grand bouquet
au bas du cou qu'elle porte manque à l'*aigrette*;
les ailes sont plus longues et dépassent la queue,
tandis que l'*aigrette* a les ailes plus courtes que
le bout de la queue. Voici les dimensions comparées entre ces deux espèces.

L'*aigrette*, longueur totale de 34 à 35 pouces
et même au-delà; bec 5 pouces; tarse 5 pouces
6 lignes; nudité au dessus du genou 3 pouces.

L'*aigrettoïde*, longueur totale de 26 à 27
pouces; bec 3 pouces 6 lignes; tarse 3 pouces
10 lignes; nudité au dessus du genou 2 pouces
4 lignes.

Habite. Probablement les parties orientales du midi
de l'Europe, puisqu'il a été vu et tué en Sicile; c'est

aussi l'espèce qu'on prétend avoir vue en Dalmatie ; *on dit aussi* qu'elle se trouve en Turquie. Nous avons reçu deux individus tués en Sicile , et l'espèce est exactement la même au Japon.

Nourriture et *propagation* encore inconnues.

HÉRON GARZETTE. — *A. GARZETTA.*

Remarque. Quoique l'espèce du petit Héron blanc qui vit dans les îles de la Sonde et des Moluques , ressemble au premier coup d'œil à notre *Garzette* d'Europe et d'Asie , elle s'en distingue néanmoins par de légères disparités que nous signalons ici afin d'éviter qu'on ne confonde ces deux espèces voisines.

ÁRDEA NIGRIPÈS. Elle est plus grande et plus haut montée que la *Garzette ;* le bouquet de longues plumes sétacées du bas du cou est beaucoup plus fourni, et ses longues plumes portent des filamens soyeux à leurs bords ; les pieds ont le bas du tarse et les doigts totalement noirs. *Patrie*, l'Archipel des Indes.

Der Schneereiher de Brehm, p. 587, est une espèce d'Amérique , la même dont j'ai fait mention sous le nom de HÉRON PANACHÉ, *Manuel, p.*576, c'est l'*Ardea candidissima* de Wilson.

Ajoutez aux synonymes :

Atlas du Manuel , pl. lithog. — Roux. *Orn. provenç. vol.* 2, *tab.* 315. — LITTLE EGRET HERON. Selb. *Brit. Orn.*

vol. 2. *p.* 21, *pl.* 5. — Gould. *Birds of Europ. part.* 5. —
DER KLEINE SILBERREIHER. Brehm. *Vög. Deuts. p.* 586.
— AIRONE MINORE. Savi. *Orn. Tosc. vol.* 2, *p.* 348. —
Naum. *tab.* 223 , *fig.* 1 et 2.

Habite. Dans toute l'Asie jusqu'au Japon, où l'espèce
est exactement la même qu'en Europe. L'espèce de l'Inde
et des îles Sondaïques est différente ; elle a été signalée
sous le nom d'*Ardea nigripes.* On la trouve jusqu'à la
Nouvelle-Guinée.

HÉRON AIGRETTE DORÉE.

ARDEA RUSSATA (MIHI).

Remarque. L'espèce indiquée sous ce nom et désignée dans le Manuel, nous était connue depuis 1821
comme originaire des parties orientales du midi de l'Europe ; depuis, on l'a confondue sous le même nom avec
une espèce différente du midi , qu'on trouve aussi en
Afrique : c'est celle qui fait le sujet de l'article suivant.

Tête, occiput, face, cou et poitrine d'un roux
doré , mais la base de toutes ces plumes est
blanche ; leur pointe colorée de roux est formée
de barbes désunies et filamenteuses ; de la partie
médiane du dos naît un bouquet de longues
plumes à barbes lâches et filamenteuses qui dépassent souvent le bout des ailes ; les pennes qui
forment cette aigrette ; les longues plumes pen-

dantes de la poitrine et celles de l'occiput sont d'un roux-doré très-vif ; tout le reste du plumage est d'un blanc éclatant ; la nudité du lorum n'entoure pas l'orbite ; cette nudité et le bec sont d'un beau jaune ; la mandibule supérieure est légèrement courbée ; les pieds sont jaunâtres , mais l'articulation du genou et les doigts sont d'une teinte plombée. Longueur jusqu'à la queue 17 pouces 6 lignes ; tarse 3 pouces 2 lignes. *Le mâle et la femelle.*

Le jeune est partout d'un blanc parfait ; la pointe du bec est brune , et les pieds sont couleur de plomb. Dans cet état il n'est guère possible de distinguer l'une de l'autre, celle du présent article d'avec l'espèce suivante.

C'est dans l'état semi-adulte :

LE CRABIER DE COROMANDEL. Buffon , *pl. enl.* 912 , *la seule figure que l'on puisse citer.* Voyez variété *b* de AR-DEA COMATA. Lath. *Ind. Orn. vol.* 2 , *p.* 687 , *sp.* 39 *b.* — Lath. *Syn. vol.* 5 , *p.* 75 , *sp.* 39 *a.* — Gould. *Birds of Europ. part.* 20.

Habite une grande partie de l'Asie , visite les bouches du Danube où un sujet adulte a été tué ; un jeune a été tué en Crimée, et un vieux en Angleterre. Se trouve aussi, *dit-on*, en Turquie et paraît se rendre jusqu'en Dalmatie , où on voit des Hérons blancs à bec jaune. Commun dans l'Inde; on le trouve aussi au Japon et dans les îles de la Sonde.

Nourriture et *propagation* inconnues.

HÉRON VÉRANY.

ARDEA VERANY (Roux).

Seulement le sommet de la tête, l'occiput et une petite partie de la nuque couverts de plumes effilées; sur le milieu de la poitrine seulement, un grand bouquet en filamens subulés; tout le reste du cou blanc et à extrémité des plumes arrondie; sur la partie médiane du dos un panache ou aigrette à barbes filamenteuses; cette aigrette, ainsi que les plumes subulées de la poitrine, de de la tête et de l'occiput, ont une teinte café au lait ou roussâtre isabelle; le front, les sourcils et toutes les autres parties du plumage sont d'un blanc pur; la nudité du lorum entoure l'orbite par un cercle nu; cette nudité, le bec, les pieds et les doigts sont jaunes; les ongles sont noirs. Longueur 17 pouces 6 lignes; tarse 2 pouces 10 lignes. *L'adulte.*

La seule figure que nous puissions citer est

LE HÉRON VÉRANY. ROUX. *Orn. provenç. vol.* 2, tab. 316. *L'adulte en plumage parfait.*

Le jeune, à l'état intermédiaire, manque de huppe, de plumes longues au bas du cou et de panaches au dos; le sommet de la tête, et souvent aussi l'occiput, sont d'un roux-isabelle clair, et la poitrine est légèrement teinte de cette couleur. Voyez *grand ouvrage d'Égypte*, où Savigny décrit et a fait figurer un individu dans cette livrée. *Les jeunes de l'année* sont d'un blanc parfait. Ils ressemblent alors exactement à ceux de l'espèce précédente.

C'est dans l'une ou l'autre livrée :

ARDEA CANDIDA MINOR. Briss. *Orn. vol.* 5, *p.* 438, mais il est probable que le CRABIER BLANC A BEC ROUGE de Buffon, *vol.* 7, *p.* 401, et les synonymes classés sous ARDEA ÆQUINOCTIALIS, Lath. *Ind. vol.* 2, *p.* 696, *sp.* 70, doivent être rapportés à une autre espèce dont ces indications désignent le jeune ; car rien n'est plus incertain que la classification des petits Hérons d'un blanc pur, vu qu'un très-grand nombre d'espèces de Hérons ou de Crabiers des deux Mondes portent, dans la première période de la vie, une livrée blanche.

Habite l'Égypte et le Sénégal, mais se montre accidentellement dans le midi de la France et en Sicile, où quelques individus ont été tués. *On dit* qu'il visite aussi l'Archipel grec.

Nourriture et *propagation* inconnues.

DEUXIÈME SECTION.

BUTOR.

Caractères. Voyez *Manuel*, vol. 2, page 577.

HÉRON GRAND BUTOR. — *A. STELLARIS.*

Ajoutez aux synonymes :

Atlas du Manuel, pl. lithog. — Roux. *Orn. provenç. vol. 2, tab.* 319. — Selby. *Brit. Orn. vol.* 2, *p.* 30. — Gould. *Birds of Europ. part.* 18. — DIE NORDISCHE, SEE, und HOCHSTIRNIGE ROHRDOMMEL. Brehm. *Vög. Deuts. p.* 595. — TARABUSO. Savi. *Orn. Tosc. vol.* 2, *p.* 355. — ROHRDROM. Nilss. *Skandinav. fauna, tab.* 97.

Habite. Les sujets du Japon ne diffèrent en rien de ceux de nos climats ; ceux de l'Amérique méridionale en diffèrent essentiellement.

HÉRON LENTIGINEUX.

ARDEA LENTIGINOSA (Mont.).

Sommet de la tête d'un brun rougeâtre ou noirâtre, mais ombré de brun sur les joues ; toute la partie nuchale d'un brun jaunâtre marqué de petites taches noirâtres ; au dessous des yeux se trouve l'origine d'une bande noire qui va couvrir, en s'élargissant graduellement, la région au dessous du méat auditif ; gorge d'un

blanc pur ; parties supérieures d'un brun ombré,
marqué de fines bandes en zigzag brun-jaunâtre
et marron ; couvertures des ailes d'un brun jaunâtre, avec des zigzags brun-ombré ; aile bâtarde,
rémiges et pennes secondaires d'un gris noirâtre,
les pointes des secondaires et les pennes caudales
brun orange marbré de noir ; les plumes du cou
et du ventre longues, brunes, roussâtres, enca-
drées de noir et lisérées de jaune d'ocre. Pieds
d'un jaune verdâtre ; bec brun-foncé en dessus ;
côtés et mandibule inférieure jaune. Longueur
totale 2 pieds 6 ou 7 pouces. *Le mâle et la femelle.*

ARDEA LENTIGINOSA. Montagu. *Orn. dict. supp.*—*Atlas
du Manuel, pl. lithog.*—Gould. *Birds of Europ. part.* 20.
—Richards. *Fauna borea. Amer. p.* 374, *sp.* 142.—AR-
DEA STELLARIS, *variet.* Lath. *Ind. orn. vol.* 2, *p.* 680.—
BOTAURUS FRETI HUDSONIS. Briss. *Orn. vol.* 5, *p.* 449.—
Edw. *Glean. tab.* 136.—Penn. *Arct. Zoolog. v.* 2, *n*° 357.
— ARDEA MINOR. Wilson. *Americ. Orn. vol.* 8 , *pl.* 65,
fig. 3.—BOTAURUS MOKOHO. Vieill. *Dict.* — HUDSON'S-
BAY AND AMERICAN BITTERON. Lath. *Syn. vol.* 5, *p.* 58.—
Selb. *Brit. orn. vol.* 2 , *p.* 34.

Habite l'Amérique septentrionale depuis les États-Unis
jusqu'à la baie d'Hudson, et s'égare accidentellement
en Europe. En 1804, un individu a été tué en Angleterre
dans le Dorsetshire.

Nourriture. Poissons, grenouilles et frai.

Propagation. Suivant Wilson, niche dans les marais au milieu des herbages élevés ; pond quatre œufs d'un gris verdâtre.

HÉRON CRABIER. — *A. RALLOIDES.*

Ajoutez aux synonymes :

Atlas du Manuel, pl. lithog. — Selb. *Brit. orn. vol.* 2, p. 25. — Gould. *Birds of Europ. part.* 3. *Un vieux.* — DER GROSSE, MITTLERE und KLEINE RALLENREIHER. Brehm. *Vög. Deuts. p.* 588. — SCHOPFREIHER. Naum. *Naturg. Deuts. tab.* 224. *Adulte et jeune.* — SGARZA CINFFETTO. Savi. *Orn. Tosc. vol.* 2, *p.* 351. — Roux. *Orn. provenç. vol.* 2, *tab.* 320, *l'adulte*, et 321, *jeune à l'âge d'un an.* Il ressemble alors exactement au *petit Héron roux du Sénégal.* Buff. *pl. enl.* 315, dont *Ardea senegalensis*, Lath. *sp.* 30, et toutes les citations sont synonymes.

Remarque. Nous pouvons maintenant donner l'assurance positive que le *Crabier de Malacca*, Buff. *pl. enl.* 911, est le jeune de l'année de l'espèce décrite par Horsfield, sous le nom de *Ardea speciosa.*

HÉRON BLONGIOS. — *A. MINUTA.*

Ajoutez aux synonymes :

Atlas du Manuel, pl. lithog. — Roux. *Orn. provenç. vol.* 2, *tab.* 322 et 323. — Selb. *Brit. orn. vol.* 2, *p.* 36.

—Gould. *Birds of Europ. part.* 10. — Nonnotto. Savi. *Orn. Tosc. vol.* 2, *p.* 358. — Die kleine und Zwerg-rohrdommel. Brehm. *Vög. Deuts. p.* 597. ;

GENRE SOIXANTE-QUATRIÈME.

NYCTICORAX. — *NYCTICORAX* (Cuv.).

Bec un peu plus long que la tête ou de la même longueur; gros, fort, large et dilaté à la base; mandibule supérieure légèrement fléchie, et s'inclinant vers la pointe, qui est échancrée; mandibule inférieure droite. *Narines* longitudinales, à petite distance de la base, latérales, nues, placées dans une cannelure et recouvertes par la membrane nue; lorum et orbites glabres. *Pieds* de moyenne longueur; nudité au dessus du genou très-petite; tarse plus long que le doigt du milieu; doigt extérieur et celui du milieu unis par une membrane; ongles courts, celui du doigt du milieu pectiné.

BIHOREAU A MANTEAU.—*N. ARDEOLA.*

Ajoutez aux synonymes :

Atlas du Manuel, *pl. lithog.* — Roux. *Orn. provenç.*

vol. 2, *tab.* 317 et 318 ,. *l'adulte et le jeune.* — NYCTICO-
RAX EUROPOEUS (Steph.). Ce nom trivial ne pouvait être
plus mal choisi pour cette espèce, cosmopolite dans toute
la force du terme; car il est peu d'oiseaux qui soient
aussi généralement répartis que celui-ci dans toutes les
contrées de l'Ancien comme du Nouveau Monde.—Selb.
Brit. orn. vol. 2 , *p.* 39. — Gould. *Birds of Europ.*
part. 16. — DER ÖSTLICHE, HOCHKÖPFIGÆ und SUDLICHE
NACHTREIHER. Brehm. *Vög. Deuts. p.* 592. — NITTICORA.
Savi. *Orn. Tosc. vol.* 2, *p.* 353.

Habite. Cette espèce nous vient à peu près de toutes
les parties du globe.; elle est très-répandue au Japon et
en Corée; dans l'Inde et ses Archipels.

<div style="text-align:center">~~~~~~~~~~~~~~</div>

GENRE SOIXANTE-CINQUIÈME.

FLAMMANT. — *PHŒNICOPTERUS.*

Caractères. Voyez *Manuel*, vol. 2, page 586.

Remarque. La différence entre le *Flammant tout rouge*
d'Amérique et notre espèce, qui a seulement *les ailes*
rouges, étant constatée, nous laissons à l'espèce du Nouveau-Monde le nom de *Rubor*, et adoptons pour celui
d'Europe et d'Afrique celui de *Antiquorum*, déjà sanctionné dans plusieurs ouvrages.

FLAMMANT ROSE. — *P. ANTIQUORUM.*

Ajoutez aux synonymes :

Atlas du Manuel, pl. lithog. — Roux. *Orn. provenç. vol.* 2, *tab.* 339, *le mâle adulte, tab.* 340, *le jeune.* — Gould. *Birds of Europ. part.* 17. — FLAMINGO DER ALTEN. Brehm. *Vög. Deuts. p.* 602. — FENICOTTERO. Savi. *Orn. Tosc. vol.* 2, *p.* 363.

Habite. Passe souvent l'hiver dans les marais entre Cagliari et Capoterra, où on le trouve alors en nombre immense ; il vient accidentellement en Sicile et très-rarement en Calabre : mais il y a des années qu'il ne se montre pas en Sardaigne ; dans d'autres années il y est si commun que les marais salins en sont comme couverts. Il quitte l'Europe au mois de mars, et va en Afrique, jusqu'au Cap de Bonne-Espérance.

GENRE SOIXANTE-SIXIÈME.

AVOCETTE. — *RECURVIROSTRA.*

Caractères. Voyez *Manuel*, vol. 2, page 589.

AVOCETTE A NUQUE NOIRE. — *R. AVOCETTA.*

Ajoutez aux synonymes :

Atlas du Manuel, pl. lithog. — Roux. *Orn. provenç.* vol. 2, *tab.* 338. — Gould. *Birds of Europ. part.* 4. — SABELSCHNABLER. Brehm. *Vög. Deuts.* p. 684. — MONA-CHINA. Savi. *Orn. Tosc. vol.* 2, p. 566.—Naum. *Naturg. Deuts. Neue Ausg. tab.* 204, *l'adulte et le jeune.*

GENRE SOIXANTE-SEPTIÈME.

SPATULE. — *PLATALEA.*

Caractères. Voyez *Manuel*, vol. 2, page 593.

SPATULE BLANCHE. — *P. LEUCORODIA.*

Ajoutez aux synonymes :

Atlas du Manuel, pl. lithog. — Roux. *Orn. provenç.*

vol. **2**, *tab.* 310. — Gould. *Birds of Europ.* — Selb.
Brit. orn. vol. **2**, *p.* 51. — DER UNGARISCHE und HOL-
LANDISCHE LÖFFLER. Brehm. *Vög. Deuts. p.* 600. — SPA-
TOLA. Savi. *Orn. Tosc. vol.* **2**, *p.* 361.

Habite. Passe l'hiver en Italie, vit alors en très-grandes
bandes sur les bords de la mer et dans les marais salins
près de Cagliari.

M. Baillon d'Abbeville a fait l'observation très-
intéressante et bien digne de remarque, si en
effet elle est constante, que la Spatule a la circonvolution de la trachée seulement dans le
temps des amours, et lorsque la tête est ornée de
la longue huppe qui serait également propre à la
femelle pendant cette époque de l'année; celle-ci
aurait seulement la huppe moins longue que le
mâle et la circonvolution de la trachée moins apparente. Après la saison des amours, en automne
comme en hiver, la trachée reprendrait la forme
droite. Je n'ai pas été à même de vérifier cette
observation fournie par le naturaliste cité.

GENRE SOIXANTE-HUITIÈME.

IBIS. — *IBIS.*

Caractères. Voyez *Manuel*, vol. 2, page 597.

IBIS FALCINELLE. — *I. FALCINELLUS.*

Les jeunes de l'année ont le bec et les pieds bien moins longs que l'adulte; toute la tête et le cou marqués de nombreuses stries blanches ; la poitrine et le ventre d'un brun de terre ; les ailes et le dos bruns, marqués de légers reflets verts et pourprés ; aucune trace de roux marron sur le plumage ni de reflets métalliques chatoyans.

Ajoutez aux synonymes :

Atlas du Manuel, *pl. lithog.* — Roux. *Orn. provenç.* *vol.* 2, *tab.* 309. — Gould. *Birds of Europ. part.* 22. — DER PLATTKÖPFIGE und HOCHKÖPFIGE BRAUNE IBIS. Brehm. *Vög. Deuts.* p. 606.—Naum. *Naturg. Deuts. Neue Ausg.* *tab.* 219 , *sous les trois livrées différentes.* — SWART IBIS. Nils. *Skand. faun. tab.* 49. — MIGNATTAZO. Savi. *Orn. Tosc. vol.* 2, *p.* 327.

Habite. Le Falcinelle , dans son passage accidentel, visite , quoique rarement, les contrées septentrionales.

En 1825, deux individus ont été tués dans le Holstein et deux en Hollande, et en 1826 trois individus en Islande. Il est de passage régulier en Sardaigne, en Sicile et en Dalmatie, mais fréquente plus rarement l'Italie; on le voit en Dalmatie en avril et en mai.

Remarque. Comme l'Ibis des îles Sondaiques, des Moluques, et qui vit jusqu'à la Nouvelle-Guinée, a souvent été pris pour une espèce distincte de notre *Falcinelle,* nous croyons nécessaire de faire observer que ce sont les jeunes et la livrée d'hiver du *Falcinelle* qui ont été désignés comme espèce, et que dans ces deux états ils ne diffèrent point des jeunes et de la livrée d'hiver du *Falcinelle* d'Europe, qu'on voit très-rarement chez nous sous ces deux livrées; tandis qu'il est très-commun à son passage dans les îles de la Sonde où les vieux en plumage parfait d'été sont par contre assez rares.

IBIS SACRÉ *.

IBIS RELIGIOSA (Cuv.).

Toute la tête et le cou totalement glabres, d'un noir mat, seulement marqués en dessus de quel-

---

* Deux autres espèces sont extrêmement voisines de celle-ci; celle qui lui ressemble le plus est encore inédite. Elle diffère de l'*Ibis sacré* par la taille, qui est moins forte; son bec est beaucoup plus grêle et moins arqué, et ses pieds plus courts; elle porte à la région du gosier une ample touffe

ques plis , et portant sous les yeux une tache
jaune ; partie inférieure du cou portant plus ou
moins de petites plumes duvetées ; toutes celles
de la région du gosier courtes et arrondies ; plumage de toutes les parties du corps , les ailes et
la queue d'un blanc parfait ; seulement le bout
de toutes les pennes des ailes d'un vert bouteille
à reflets ; les dix dernières des plumes scapulaires
sont très-allongées , et portent de grandes et longues franges de barbes désunies , formant un panache qui recouvre le bout des rémiges ; ces
plumes panachées sont d'un beau violet, à reflets verts et métalliques ; pieds d'un brun rougeâtre ; bec noir , fortement cannelé aux deux
mandibules , et la supérieure portant une rainure qui va jusqu'à l'inte. Longueur 2 pieds
4 ou 5 pouces. *Les   des deux sexes.*

---

de longues plumes lustrées et subulées d'un blanc pur ; les
panaches des ailes , de la même forme que ceux du sacré ,
sont blancs, marbrés de violet et frangés de cette couleur ;
nous lui donnons le nom de IBIS EGRETTA. Sa patrie est le
pays des Achanties. — L'autre espèce se fait remarquer par
ses petits panaches d'un gris cendré, et en ce que le bout
des ailes est de la même teinte blanche que le reste du plumage. C'est notre IBIS LEUCON (*Pl. col. des Ois., suite au
Buff. tab.* 481). Sa patrie est Java , Sumatra et Timor.

Les jeunes de l'année ne sont pas connus;
ceux *âgés d'un an* ont toute la tête et le cou gar-
nis de très-petites plumes duvetées et grises, qui
disparaissent avec l'âge ; leur panache n'existe
souvent pas, ou bien on ne voit que trois ou
quatre plumes courtes, violettes et sans lustre
métallique.

TANTALUS ÆTHIOPICUS. Lath. *Ind. orn. vol.* 2, p. 706,
sp. 12. — Savigny. *Égypte. Ois. pl.* 7. — ABOUHANNES.
Bruc: *Trav. app. tab.*   p. 172. — Cuvier. *Mémoires et
discours, pl.* 4 et 5.

Habite l'Égypte, le Sénégal et le cap de Bonne-Espérance ; a été observé et tué en Morée, et se trouve,
dit-on, en Turquie. Les Égyptiens vénéraient cet Ibis,
dont l'apparition se liait aux débordemens du Nil : on
en trouve des momies en   nombre dans les cata-
combes de Memphis et de Th   es.

Nourriture et propagation inconnues.

GENRE SOIXANTE-NEUVIÈME.

COURLIS. — *NUMENIUS.*

Caractères. Voyez *Manuel*, vol. 2, page 601.

COURLIS CENDRÉ. — *N. ARQUATUS.*

Varie, plus ou moins, par le nombre moins grand de taches et de stries à la poitrine, et par un peu plus de longueur du bec. Ce sont les seules différences qu'on puisse énumérer entre les sujets du grand archipel asiatique, et ceux des autres parties de l'ancien continent.

Il est toutefois utile de faire ici la remarque que, indépendamment de cette variété, on trouve dans ces mêmes parages un *Courlis* d'espèce différente, que nous désignons sous le nom de NUMENIUS NA-SICUS. Il est plus grand que l'*Arquatus*, a un bec très-grêle, remarquablement long et peu courbé proportionnellement à sa longueur; le plumage est blanchâtre, marqué de nombreuses taches noires; le ventre est blanc; le bec brun. Il habite Borneo et Sumatra.

Ajoutez aux synonymes :

Atlas du Manuel, pl. lithog. — Roux. *Orn. provenç.*

vol. 2, *tab.* 306.—Selb. *Brit. orn. vol.* 2, *p.* 62.—Gould. *Birds of Europ. part.* 14. — DER GROSSE und MITTLERE BRACHVOGEL. Brehm. *Vög. Deuts. p.* 608.—Naum. *Naturg. Deuts. Neue Ausg. tab.* 226, *adulte et jeune.* — CHIURLO MAGGIORE. Savi. *Orn. Tosc. vol.* 2, *p.* 320.

Habite jusqu'au Japon, où il est absolument le même.

COURLIS CORLIEU. — *N. PHÆOPUS.*

Ajoutez aux synonymes :

Atlas du Manuel, pl. lithog. —Roux. *Orn. provenç. vol.* 2, *tab.* 307. —Selb. *Brit. orn. vol.* 2, *p.* 65. — Gould. *Birds of Europ. vol.* 4. — ISLANDISCHER und REGEN BRACHVOGEL. Brehm. *Vög. Deuts. p.* 610.—Naum. *Naturg. Deuts. Neue. Ausg. tab.* 217.—CHIURLO PICCOLO. Savi. *Orn. Tosc. vol.* 2, *p.* 322.

Habite. Aussi commun au Japon que l'espèce précédente ; très-abondant dans toutes les parties de l'Inde.

COURLIS A BEC GRÊLE.

NUMENIUS TENUIROSTRIS (VIEILL.).

Plumage des parties supérieures à peu près comme celui du Phæopus, mais plus de blanc à la tête, sur la nuque et aux bordures des couvertures des ailes; gorge, devant du cou, poitrine et tout le reste des parties inférieures blancs, et marqués de stries longitudinales et de grandes taches noires ; celles-ci sont plus grandes et en forme de cœur sur la région du ventre ; cuisses, abdomen, et tout le dos, d'un blanc éclatant ; pennes de la queue rayées de larges bandes blanches et de bandes noires plus étroites. Bec assez court, faiblement fléchi vers la pointe, où il est déprimé ; pieds couleur de plomb foncé. Longueur 16 pouces. Point de différence dans les sexes.

Les jeunes ne sont pas connus ; mais il est probable qu'on peut les distinguer de ceux du *Phœopus* à leur livrée, remarquablement plus blanche, et à leur bec grêle et court.

NUMENIUS TENUIROSTRIS. Vieill. *Dict. d'hist. nat.* — Roux. *Orn. provenç. vol.* 2, *tab.* 308. — DUNNSCHNABLI-GER BRACHVOGEL. Naum. *Naturg. Deuts. tab.* 218, *figure très-exacte.* — CHIURLOTTELLO. Savi. *Orn. Tosc. vol.* 3, *p.* 324. — TICCHIONE TERRASOLO. *Stor. degl'ucc., tab.* 441. — Bonap. *Fauna Italica, fasc.* 2. — Gould. *Birds of Europ. part.* 20.

Habite. L'Égypte est la patrie de cette espèce : elle est quelquefois assez commune à son passage dans les parties méridionales de l'Italie ; trouvée près de Rome, de Venise et de Pise ; on dit qu'elle visite aussi la Dalmatie et se trouve en Grèce.

Se trouve aussi en France. M. Verneuil, de Paray-le-
Monial, a eu la complaisance de me faire part qu'il a
tué un individu sur la Saône, fin d'octobre. L'espèce arrive à son passage d'automne par petites bandes de huit
à dix individus; ils se posent ordinairement dans les prairies découvertes où les débordements de la Saône forment des îles. Leur passage n'est pas régulier comme celui de nos autres espèces indigènes.

Nourriture, comme l'espèce précédente, dont elle a les
mœurs.

Propagation, inconnue.

GENRE SOIXANTE-DIXIÈME.

BÉCASSEAU. — *TRINGA*.

Caractères. Voyez *Manuel*, vol. 2, page 606.

Remarque. Ce que nous avons présumé devoir être la
suite de la manie des coupes, sans nécessité absolue, a
eu lieu ; à peu près chaque espèce distincte se trouve
former un genre ; quelques novateurs les ont même réparties en familles distinctes, formant *un* genre, composé
d'*une* espèce. Il en est à peu près de même dans le genre
Totanus, dont on a formé *quatre* genres et *six groupes* en
sous-ordre.

BÉCASSEAU COCORLI. — *T. SUBARCUATA.*

Ajoutez aux synonymes :

Atlas du Manuel, pl. lithog. — ROUX. *Orn. provenç. vol. 2, tab.* 285, *plumage d'été, et tab.* 286, *plumage d'hiver.* —CURLEW TRINGA. Selb. *Brit. orn. vol. 2, p.* 157. — Gould. *Birds of Europ. part.* 6, *plumage d'été et d'hiver.* —Naum. *Naturg. Deuts. tab.* 185, *les trois livrées.* —DER BOGENSCHNABLIGE und LANGSCHNABLIGE SCHLAMM-LAUFER. Brehm. *Vög. Deuts. p.* 657. — PIOVANELLO PANCIAROSSA. Savi. *Orn. Tosc. vol. 2, p.* 284.—TRINGA PICTA. Rafin. *Anim. Sicilia, p.* 6.

Habite. Passe l'hiver en Sardaigne, où il est très-abondant ; il abandonne ce pays en mai. Les sujets des îles de la Sonde et de là Nouvelle-Guinée n'en diffèrent point ; on les trouve dans ces climats sous leur double livrée, absolument comme en Europe.

BÉCASSEAU PECTORAL.

TRINGA PECTORALIS (BONAP.).

Sommet de la tête noir, à bordure des plumes rousse ; orbites, sourcils et petite bande frontale blanchâtre pointillée de brun ; une bande brune au lorum ; joues, nuque, côtés du cou et haut de la poitrine d'un gris roussâtre marqué de mê-

ches longitudinales noires ; gorge et partie du devant du cou d'un blanc pur ; partie inférieure de
la poitrine et tout le dessous du corps, blanc ;
mais on voit quelques stries noirâtres sur les
plumes des flancs et des cuisses. Région intersca-
pulaire, scapulaires et petites couvertures des
ailes, d'un noirâtre lustré de verdâtre, et toutes
les plumes frangées de roussâtre avec du blanc
vers leur pointe ; partie inférieure du dos, croupion et couvertures supérieures de la queue, noirs ;
rémiges brunes, la penne extérieure à baguette
blanche, les autres à baguettes brunes ; pennes
du milieu de la queue noires bordées de roux,
les latérales d'un brun terne lisérées de blanc ;
bec comprimé, d'un jaune rougeâtre à la base,
le reste noir ; iris brun ; pieds d'un jaune verdâtre ; doigt extérieur uni à la base au doigt du
milieu. Longueur totale 8 pouces 6 lignes. *Les
deux sexes en plumage d'été.*

Le plumage d'hiver, selon M. Say, est en dessus beaucoup plus pâle ; à peu près sans nuance
noire et les plumes bordées de gris clair ; le sommet de la tête est plus foncé que le cou, et bordé
de roux ; les parties inférieures sont à peu près
les mêmes qu'en été.

Pelidna pectoralis. Say. *Long. Exped. vol. 1, p. 171.*

—TRINGA PECTORALIS. Bonap. *Americ. orn. vol.* 4, *p.* 43, *pl.* 23, *fig.* 2. — Gould. *Birds of Europ. part.* 22, *sur un sujet tué en Angleterre.* — CHIORLITO A COU BRUN. Azara. *Voy. vol.* 4, *p.* 284, *sp.* 404. — ALOUETTE DE MER DE SAINT-DOMINGUE. Briss. *Orn. vol.* 5, *p.* 219, *pl.* 24, *fig.* 1.

Habite l'Amérique septentrionale. Un individu a été tué en Angleterre, le 17 octobre 1830, sur les bords du Breydon Broad près de Yarmouth : commun sur les bords des eaux de New-Jersey dans les États-Unis ; vit dans les marais.

Nourriture et *propagation*, inconnues.'

BÉCASSEAU VARIABLE. — *T. VARIABILIS.*

Remarque. Dans le grand nombre d'individus envoyés du Japon, des îles de la Sonde, de Timor, etc., il ne nous est pas venu un seul sujet en plumage des noces ; tous sont en livrée d'hiver ou dans celle de passage, avec le ventre faiblement marqué de taches noires.

Ajoutez aux synonymes :

Atlas du Manuel, *pl. lithóg.* — Roux. *Orn. provenç. vol.* 2, *tab.* 287 *et* 288. — Selb. *Brit. orn. vol.* 2, *p.* 153. — Gould. *Birds of Europ. part.* 18. — Naum. *Naturg. Deuts. Neue Ausg. tab.* 186, *dans les trois livrées.* — DER ALPEN und POMMERSCHE SCHLAMMLAUFER. Brehm. *Vög. Deuts. p.* 661. — PIOVANELLO PANCIA NERA. Savi. *Orn. Tosc. vol.* 2, *p.* 282.

Quoique la race suivante ressemble, à s'y méprendre, au *Bécasseau variable*, elle en diffère cependant par sa taille, bien moins grande, et par la coloration un peu différente du plumage. Toutefois on ne doit pas suivre l'opinion de Brehm et de Naumann, qui en font une espèce distincte sous le nom de *Tringa Schinzii;* ce n'est à tout prendre qu'une de ces *subspecies* comme Brehm se plaît à en former pour le plus grand nombre des *espèces normales.* Nous donnons ici les caractères différentiels tels qu'ils ont été signalés par Naumann.

Tringa variabilis , des auteurs.	*Tringa Schinzii, de Brehm.*
Jeune. La région du jabot et la poitrine n'offrent que des stries pointues et d'un brun noirâtre, qui sont un peu plus grosses sur les côtés de la poitrine.	*Jeune.* La région du jabot et la poitrine marquées de grandes et larges méches nombreuses serrées, et noires; elles sont en grandes taches sur les côtés de la poitrine.
En hiver. A la tête se montrent seulement de très-petites stries d'un brun noirâtre.	*En hiver.* La tête est abondamment couverte de larges méches lancéolées d'un brun noirâtre.
En été, plumage parfait. Les plumes du haut du dos et les scapulaires d'un roux vif, ont plus de taches sur	*En été, id.* Les plumes du haut du dos et les scapulaires d'un roux vif, ont seulement un petit nombre

leur milieu et dans leur ré-partition totale ; ce qui fait paraître ces parties plus sombres.—La région du gésier est marquée de taches noires très-rapprochées, et le fond blanc paraît peu dans les interstices, ce qui rend cette partie plus foncée.—La très-grande plaque noire du ventre occupe toute cette partie, et ne montre à ses bords qu'une étroite bande blanche.

de taches noires ; ce qui fait que ces parties paraissent plus claires.—La région du gésier est marquée de grandes taches noires assez distantes, le fond blanc très-distinctement dessiné dans les interstices, et ce blanc couvrant une partie de la poitrine.—La petite plaque noire ne couvre que le bas de la poitrine ; les plumes sont lisérées de blanc, et les bords portent une large bande blanche.

TRINGA SCHINZII. Brehm. *Beitrage*, *vol. 3, p. 355.*—DER SCHINZISCHE und SUDLICHE SCHLAMMLAUFER. Id. *Vög. Deuts. p.* 463.—Naum. *Naturg. Deuts. Neue Ausg. vol.* 7, *p.* 453, *tab.* 187, *dans les trois livrées.*

Remarque. On ne doit pas confondre cette *Schinzii*, *race ou variété*, de Brehm, avec la *Tringa Schinzii* du prince de Musignano, décrite ci-après.

Habite. M. Naumann est d'opinion que cette race du bécasseau pénètre plus loin vers le nord que la précédente ; elle visite en grand nombre l'île de Rugen, et les côtes occidentales de Scheswig et du Holstein.

BÉCASSEAU DE SCHINZ.

TRINGA SCHINZII (BONAP.).

Sommet de la tête, nuque, ailes et queue d'un

brun foncé, chaque plume étant bordée de brun
clair; plumes du milieu du dos et scapulaires d'un
brun noirâtre, terminées de brun pâle et marquées
des deux côtés par une bordure rousse; croupion
d'un blanc pur; rémiges noirâtres à baguettes
blanches; gorge et toutes les parties inférieures
blanchâtres; le devant du cou, la poitrine et les
flancs marqués de mêches nombreuses, longitudinales et brunes; les pennes secondaires des
ailes terminées de blanc; ventre et abdomen d'un
blanc pur; bec et pieds noirs. Longueur totale, à
peu près 7 pouces. *Plumage d'été.*

Le plumage d'hiver paraît ne pas être connu
en Europe. Le prince de Musignano dit que la livrée d'hiver est cendrée en dessus et blanche aux
parties inférieures. Cette espéce nouvelle est facile
à distinguer de tous ses congénéres, par son bec
court, et par le grand espace blanc au croupion.
On ne doit pas confondre cette espéce avec la race
ou *subspecies* de Brehm qui est très-commune,
et ne différe presque pas du type du *Bécasseau
variable.* Notre *Schinzii*, au contraire, est de
passage très-accidentel en Europe.

TRINGA SCHINZII. Bonap. — Gould. *Birds of Europ.
part.* 22. *Figures exactes d'un sujet tué en Europe.*

Habite l'Amérique du nord, mais paraît visiter accidentellement l'Europe. M. Gould dit, que M. Rowland Hill tua à Stoke-Heath, près de Market-Dragton, dans le Shropshire, un individu ne différant en rien de ceux qu'on trouve dans l'Amérique septentrionale.

Nourriture. Probablement comme toutes les autres espèces du genre.

Propagation. M. Hastall dit qu'on les trouve en petites bandes, que leur voix est plus faible que celle du *variable ;* qu'ils pondent quatre œufs plus petits que ceux du *variable ,* d'un gris jaunâtre tacheté d'olivâtre ou de couleur noisette.

BÉCASSEAU PLATYRHINQUE. — *T. PLATYRHYNCHA.*

M. Brehm range cette espèce dans le genre *Peldina ;* quelques auteurs en font encore un *Numenius ;* je l'ai vu sous le nom générique de *Falcinellus ,* et MM. Koch et Naumann en font un genre sous celui de *Limicola.* Tout ce luxe générique doit son origine au très-petit rudiment de membrane unissant la base du doigt du milieu au doigt extérieur ; on le voit à peine sur l'individu fraîchement tué, mais il est presque imperceptible sur l'empaillé. Il est de fait que ce

Bécasseau a les mêmes mœurs que tous les autres rangés par nous dans ce genre.

Ajoutez aux synonymes :

Atlas du Manuel, *pl. lithog.* — Gould. *Birds of Eu-
rop. part.* 17, *adulte en automne.* — DER BREITSCHNÆ-
BLIGE SCHLAMLÄUFER. Brehm. *Vög. Deuts. p.* 659.—
KLEINER SUMPFLAUFER. Naum. *Naturg. Deust. Neue Ausg.
tab.* 207, *plumage d'été, et jeune.* — GAMBECCHIO FRUL-
LINO. Savi. *Orn. Tosc. vol.* 2, *p.* 291.

Habite jusque dans l'archipel de la Sonde et des Moluques. Les sujets reçus de Borneo, de Sumatra et de
Timor ne diffèrent en rien de ceux d'Europe. On nous
assure que l'espèce se trouve aussi sur le continent de
l'Inde.

Propagation. On n'en sait encore rien.

BÉCASSEAU VIOLET. — *T. MARITIMA.*

Le plumage parfait des noces, livrée sous laquelle on ne trouve des individus que dans les
régions du cercle arctique, est bigarré de larges
bordures d'un roux vif aux plumes du dos et des
scapulaires ; la poitrine est marquée de taches
cendrées et de stries noires, et la base du bec est
d'un jaune vif.

Ajoutez aux synonymes :

Atlas du Manuel, *pl. lithog.* — Roux. *Orn. provenç.* *vol.* 2, *tab.* 284, *en livrée d'hiver.*—Rock tringa. Selb. *Brit. orn. vol.* 2. *p.* 150. — Gould. *Birds of Europ.* *part.* 19.—Der platthöpfige, mittlere, und hochköpfige kustenlaufer. Brehm. *Vög. Deuts. p.* 654. — Naum. *Naturg. Deuts. Neue Ausg. tab.* 188, *sous les trois livrées.* — Piovanello violetto. Savi. *Orn. Tosc. vol.* 2, *p.* 292. — Soartgra strandvipa. Nilss. *Skand. Fauna.* *tab.* 114. — Thien. *Voy. en Island. p.* 95.

Habite. Il paraît que cette espèce n'émigre pas bien loin vers les régions méridionales.

Propagation. Niche très-avant dans le Nord ; particulièrement en Islande et dans les autres régions polaires. Il quitte les bords de la mer pour vaquer à la reproduction dans l'intérieur, en des lieux rocailleux coupés de sources d'eau douce. Pond trois ou quatre œufs de la forme d'une poire ; le fond est d'un gris olivâtre marqué de points et de petites taches en bandelettes brunes, très-rapprochées vers le gros bout, et rares vers la pointe.

BÉCASSEAU TEMMIA. —*T. TEMMINCKII.*

Indépendamment des disparités signalées comme moyens qui servent à distinguer cette espèce de la suivante, on pourrait ajouter encore que le *Temmia,* en plumage parfait des noces, quoique portant aux plumes du dos et aux scapulaires des bordures rousses, celles-ci forment seulement des lisérés étroits, puis, que la tête et la nuque n'ont point de roux; tandis que l'*Échasse* porte sur ces parties de très-larges bordures rousses, et que la tête, ainsi que les joues et les côtés de la poitrine, sont colorés de cette teinte. Dans les derniers jours d'août ou les premiers de septembre, on les voit déjà en plumage parfait d'hiver.

Ajoutez aux synonymes :

Atlas du Manuel, *pl. lithog.* — La figure de Roux. *Orn. provenç. tab.* 288, a des dimensions beaucoup trop fortes ; la coloration semble indiquer *le jeune de l'année.* —Selb. *Brit. orn. vol.* 2, *p.* 144. — Gould. *Birds of Europ. part.* 17. — DER KLEINSTE und TEMMINCKSCHE SCHLAMMLAUFER. Brehm. *Vög. Deuts. p.* 664. — Naum. *Naturg. Deuts. Neue Ausg. tab.* 189, *les trois livrées parfaites.* — PIOVANELLO NANO. Savi. *Orn. Tosc. vol.* 2, *p.* 287.

Habite. Nous avons dit que ce Bécasseau ne visite pas les côtes de la Hollande; depuis on a constaté qu'il y est de passage dans deux saisons de l'année. Les sujets qui ont été envoyés des îles de la Sonde et de Timor ne diffèrent point ; ils sont toujours dans leur livrée d'hiver.

Propagation. Faber n'a jamais pu trouver le nid ni les œufs de cet oiseau, qui vient en Islande vers la fin de mai, mais qui quitte aussitôt le rivage, et paraît nicher dans les ravins des montagnes rocailleuses.

BÉCASSEAU ÉCHASSES. — *T. MINUTA.*

Ajoutez aux synonymes :

Atlas du Manuel, *pl. lithog.* — La figure publiée par Roux. *Orn. provenç. tab.* 289, sous le nom de *Tringa minullé*, n'est certainement pas notre Bécasseau ; si ce n'est pas une espèce européenne nouvelle, la figure a été faite sur une espèce exotique. — Selb. *Brit. orn.* *vol. 2, p.* 147. — Gould. *Birds of Europ. part. 5, en été parfait, le jeune, et en hiver.* — DER KLEINE und ZWERGSCHLAMMLAUFER. Brehm. *Vög. Deuts. p.* 665. — Naum. *Naturg. Deuts. Neue Ausg. tab.* 184, *sous les trois livrées, mais celle d'été imparfaite.* Le plumage est beaucoup plus roux dans le temps des noces. — GAMBECCHIO. Savi. *Orn. Tosc. vol. 2, p.* 289.

Habite. Se trouve en grand nombre dans les marais salins de la Dalmatie ; on l'y voit en août et septembre, dès-lors revêtu de sa robe d'hiver. Les sujets de l'Inde sont toujours en plumage d'hiver. On le voit en France, à son passage, sous le plumage parfait des noces.

Propagation. Selon M. Gould, les œufs ressemblent à ceux du *Bécasseau guignette*, mais beaucoup plus petits; d'un rouge blanchâtre, pointillé et tacheté de brun rougeâtre.

BÉCASSEAU ROUSSET.

TRINGA RUFESCENS (Vieill.).

Bec extrêmement court et grêle ; le dessous des ailes marbré de noir sur fond blanc.

Dessus de la tête, cou, dos, croupion, parties supérieures des ailes et de la queue, d'un roussâtre rembruni, marqué de taches noires sur le milieu de toutes les plumes; ces taches sont en mèches longitudinales sur la tête, le cou et la nuque; les couvertures des ailes et leurs pennes à l'exception des secondaires les plus proches du dos sont, ainsi que la queue, noires vers le bout et terminées de blanc; moyennes couvertures inférieures de l'aile blanches terminées de noir; pennes en dessous blanches marbrées de noir vers le bout; plumes subalaires d'un blanc pur; côtés de la tête, gorge et devant du cou d'un roux clair; cette teinte est moins vive aux flancs où elle est marquée de mèches noires; ventre légèrement roussâtre; abdomen blanc; queue en cône; bec court et noir; pieds d'un jaune rougeâtre. Longueur 7 pouces 3 lignes. *Le mâle.*

La femelle a les teintes plus rembrunies aux

parties supérieures, et isabelle en dessous; elle porte un plus grand nombre de taches noirâtres aux flancs et sur les côtés du cou.

Les jeunes ont les teintes du plumage plus pâles; les pennes primaires portent un plus grand nombre de taches ; toutes les parties supérieures sont largement frangées de brun isabelle, se nuançant en blanchâtre vers le croupion; dessous du corps brun terne clair, isabelle au ventre, et d'un blanchâtre terne à l'abdomen.

TRINGA RUFESCENS. Vieill. *Encyclop. méthod. p.* 1090. — Id. *Galerie des Ois. vol.* 2 , *p.* 105, *pl.* 238.—Yarrel. *Linn.transact. vol.* 16, *le jeune.*—BUFF. BREASTED SAND-PIPER. Selb. *Brit. orn. vol.* 2 , *p.* 142. —Gould. *Birds of Europ. part.* 17 , *mâle et femelle adultes.*

Habite l'Amérique septentrionale , et se rend , probablement en hiver , jusqu'au Brésil ; trouvé plusieurs fois en Angleterre et en France comme visiteur accidentel ; pousse ses voyages en Amérique jusqu'aux régions de cercle arctique , où il niche très-probablement. Les individus tués en Europe étaient associés à des compagnies du *Pluvier guignard.*

BÉCASSEAU MAUBÈCHE. — *T. CINEREA.*

Remarque. Cette espèce ne se trouve jamais dans les

envois qui nous sont adressés des îles de la Sonde ni du Japon ; mais elle nous vient de l'Amérique du nord , le plus souvent dans le plumage parfait des noces ; elle est rareen Islande.

Ajoutez aux synonymes :

Atlas du Manuel, *pl. lithog.* — Roux. *Orn. provenç. vol.* 2 , *tab.* 282 , *livrée des noces* , et *tab.* 283 , *le jeune.* — Tringa Canutus. Selb. *Brit. orn. vol.* 2, *p.* 188. — Calidris canutus. Gould. *Birds of Europ. part.* 11. — Der islandische , und hochköpfige strandlaufer. Brehm. *Vög. Deuts. p.* 654. — C'est le genre *Canutus* de l'auteur cité. — Naum. *Naturg. Deuts. Neue Ausg. tab.* 183 , *sous les trois livrées,* — Piovanello maggiore. Savi. *Orn. Tosc. vol.* 2 , *p.* 294.

Propagation. Faber les a observés en Islande, sans pouvoir découvrir l'endroit où niche l'espèce ; ce qui a probablement lieu dans les montagnes rocailleuses de l'intérieur. Thienemann n'en vit qu'une seule nichée dans une touffe d'herbes. La couleur des œufs est d'un brun jaunâtre clair ; ils sont marqués au gros bout de taches grises et rougeâtres plus ou moins réparties en zône, et peu marquées vers la pointe.

GENRE SOIXANTE-ONZIÈME.

COMBATTANT. — *MACHETES* (Cuv.).

Remarque. Sans pouvoir rétracter complétement ce qui a été dit, Manuel, p. 631, nous nous rangeons de l'avis des naturalistes qui isolent cette espèce en un genre distinct de ceux du *Bécasseau* et du *Chevalier.* — Les mâles du *Combattant*, et du plus grand nombre des *Chevaliers*, émigrent de nos contrées long-temps avant que les femelles nous quittent ; ils partent vers la fin de juillet, les femelles en septembre, et les jeunes en octobre.

COMBATTANT VARIABLE. — *M. PUGNAX.*

Ajoutez aux synonymes :

Atlas du Manuel, pl. lithog. — Roux. *Orn. provenç. vol.* 2, *tab.* 290, *mâles en livrée de noces, mais n'ayant pas encore la face nue*, 291 *femelle, et tab.* 292, *mâles dans les premiers jours du printemps.* — MACHETES PUGNAX. Cuv. *Règ. an. vol.* 1, *p.* 490. — Selb. *Brit. orn. vol.* 2, *p.* 130. — Gould. *Birds of Europ. part.* 10. — DER HOCHKÖPFIGE, PLATTKÖPFIGE und WESTLICHE SUMPF-STRANDLAUFER. Brehm. *Vög. Deuts. p.* 670. — Naum. *Naturg. Deuts. Neue Ausg. tab.* 190 *et* 191, *sept figures de mâles en plumage parfait des noces ; tab.* 192, *quatre mâles en livrée intermédiaire ; tab.* 193, *la femelle dans les quatre livrées.* — GAMBETTA. Savi. *Orn. Tosc. vol.* 2, p. 263. — BRUSHANE. Nils. *Faun. Skand. tab.* 56,

GENRE SOIXANTE-DOUZIÈME.

CHEVALIER. — *TOTANUS.*

Caractères. Voyez *Manuel*, vol. **2**, page 635.

PREMIÈRE SECTION.

CHEVALIERS PROPREMENT DITS.

Caractères. Voyez *Manuel*, vol. 2, pag. 637

CHEVALIER SEMI-PALMÉ. —*T. SEMIPALMATA*.

Ajoutez aux synonymes :

Atlas du Manuel, pl. lithog. — TOTANUS SEMIPALMATUS. Richards. *Faun. Boreal. Americ. p.* 388, *tab.* 67, *figure parfaite.* — CATOPTROPHORUS SEMIPALMATUS. Bonap., prince de Musign. *Syn.* n° 259. — SEMIPALMATED SAND-PIPER. Gould. *Birds of Europ. part.* 22, *en livrée d'été et d'hiver.*

Habite. On nous assure que cette espèce se montre assez souvent dans le nord de l'Europe, mais toujours sous la livrée d'hiver ; elle est très-abondante dans l'Amérique septentrionale, où l'espèce niche en grand nombre.

CHEVALIER ARLEQUIN. — *T. FUSCUS.*

Ajoutez aux synonymes :

Atlas du Manuel , *pl. lithog.* — CHEVALIER BRUN. Roux. *Orn. provenç. vol.* 2 , *tab.* 293. —Selb. *Brit. orn. vol.* 2 , *p.* 69. — Gould. *Birds of Europ. part.* 9, *plumage d'été et d'hiver.*—SCHWARZBRAUNER, SCHWARZER und SCHWIMMENDER UFERLAUFER. Brehm. *Vög. Deuts. p.* 633. —Naum. *Naturg. Deuts. Neue Ausg. tab.* 200 , *sous les trois livrées.* — CHIO-CHIO. Savi. *Orn. Tosc. vol.* 2 , *p.* 269. — HARLEKINS SNAPPAN. Nills. *Faun. Skand.*, *tab.* 36 , *passage du plumage d'hiver à celui d'été.*

Habite. Le séjour plus ou moins prolongé de cette espèce en Hollande , dépend souvent de l'abondance et de l'étendue des marres d'eau, formées dans les dunes à la suite de pluies très-abondantes et continues; elle fréquente de préférence ces lieux arides , et y est encore plus défiante et plus difficile à tuer que partout ailleurs.

Propagation. On ne sait encore rien sur les lieux où cette espèce habite pendant la reproduction ; les œufs ne sont pas connus.

CHEVALIER GAMBETTE. — *T. CALIDRIS.*

Ajoutez aux synonymes :

Atlas du Manuel , *pl. lithog.* — Roux. *Orn. provenç.*

vol. 2, *p.* 294. — Selb. *Brit. orn. vol.* 2, *p.* 72. — Gould. *Birds of Europ. part.* 17. — DER DEUTSCHE, NORDISCHE und GESTREIFTE MEERUFERLAUFER. Brehm. *Vög. Deuts. p.* 636. — Naum. *Naturg. Deuts. Neue Ausg. tab.* 199 , *sous les trois livrées.* — PETTEGOLA. Savi. *Orn. Tosc. vol.* 2. *p.* 271.

Habite. On les trouve jusqu'au Japon , où l'espèce est absolument la même ; on les obtient de cette contrée sous le plumage à peu près parfait d'été et dans leur livrée d'hiver.

CHEVALIER STAGNATILE. — *T. STAGNATILIS.*

Le plumage d'hiver des individus des îles de la Sonde, de Timor et de la Nouvelle-Guinée est un peu plus pâle que dans ceux tués en Europe ; les jeunes n'en diffèrent pas ; on n'en reçoit jamais sous leur plumage des nôces.

Ajoutez aux synonymes :

Atlas du Manuel, pl. lithog. — Roux. *Orn. provenç. vol.* 2, *tab.* 295, *le mâle en plumage des noces.* — DER DEUTSCHE TEICHUFERLAUFER. Brehm. *Vög. Deuts. p.* 644. — Naum. *Naturg. Deuts. Neue Ausg. tab.* 202 , *dans les trois livrées différentes.* — PIRO-PIRO GAMBE LUNGHE. Savi. *Orn. Tosc. vol.* 2 , *p.* 278. — Gould. *Birds of Europ. part.* 10 , *plumage d'été.*

Habite. Les parties orientales d'Europe ; toutefois il ne nous est pas encore venu du Japon ; tandis que plusieurs de nos habitans riverains et maritimes des parties occidentales de l'Europe se trouvent également au Japon.

Propagation. On sait maintenant que cette espèce niche assez souvent en Hongrie et plus rarement en Allemagne ; toutefois on n'en a pas encore trouvé les œufs.

CHEVALIER A LONGUE QUEUE.—*T. BARTRAMIA.*

Ajoutez aux synonymes :

Atlas du Manuel, *pl. lithog.* — Gould. *Birds of Europ. part.* 17. — DER LANGSCHWANZIGE UFERLAUFER. Brehm. *Vög. Deuts. p.* 645. — BARTRAMS UFERLAUFER (Actitis bartramia). Naum. *Naturg. Deuts. tab.* 196, *dans les trois états différens du plumage.* —CHEVALIER BARIOLÉ. Vieill. *Galerie des Ois. vol.* 2. *p.* 107. *tab.* 239. —Richards. *Faun. Boreal. Americ. p.* 391 , *sp.* 160.

Nourriture. Insectes coléoptères.

CHEVALIER CUL-BLANC.— *T. OCHROPUS.*

Ajoutez aux synonymes :

Atlas du Manuel, *pl. lithog.*—Roux. *Orn. provenç. vol.* 2, *tab.* 296, *jeune de l'année.* — Selb. *Brit. orn. vol.* 2, *p.* 75. —Gould. *Birds of Europ. part.* 15. — DER HOCHKÖPFIGE, MITTLERE und PLATTKÖPFIGE BACHUFERLAUFER. Brehm. *Vög. Deuts. p.* 641. — Naum. *Naturg. Deuts. Neue Ausg. tab.* 197, *dans les trois livrées.* — PIRO-PIRO CUL BIANCO. Savi. *Orn. Tosc. vol.* 2, *tab.* 273.

Habite. Au lieu de (comme il est dit dans le Manuel, vol. 2, p. 653) *les ruisseaux limpides*, mettez : les ruisseaux à bords fangeux et ombragés de buissons, même jusque dans les forêts. Les sujets reçus du Japon ne diffèrent point.

CHEVALIER SYLVAIN. — *T. GLAREOLA.*

Remarque. On ne voit aucune différence entre les individus des îles de la Sonde, des Moluques, du Japon et ceux d'Europe.

Ajoutez aux synonymes :

Atlas du Manuel, pl. lithog.—TOTANUS AFFINIS. Horsf. *Cat. des Ois. de Java.*—Yarrel, *Linn. trans. vol.* 13, *p.* 191, *sp.* 1.—Roux. *Orn. provenç. vol.* 2, *tab.* 297.—Gould. *Birds of Europ. part.* 15. — Selb. *Brit. orn. vol.* 2, *p.* 77. — DER GROSSE, SUMPF, GETUPFELTE und KUHLS WALDUFER-LAUFER *. Brehm. *Vög. Deuts. p.* 639. — Naum. *Naturg.*

---

* Ce *Totanus Kuhlii* de M. Brehm est un individu de *la Glaréole* tué à Java. Ce sujet doit, selon l'avis de l'auteur cité, former une espèce distincte, vu les onze rémiges qu'il compte à l'aile ; si ce caractère se trouvait être constant, car à l'état normal on compte dix rémiges, il offrirait du moins une valeur plus marquée que toutes celles que M. Brehm emprunte de l'élévation ou de l'affaissement du corpal, de la longueur d'un millimètre en plus ou en moins du bec et des pieds, ou bien de la grandeur relative des taches. Toutes

Deuts. Neue Ausg. tab. 198, *sous les trois livrées diffé-rentes.*—PIRO-PIRO BOSCARECCIO. Savi. *Orn. Tosc. vol.* 2, p. 277.

Propagation. Niche aussi dans les contrées tempérées de l'Europe, mais en plus grand nombre vers le Nord, où il construit son nid dans les bruyères.

CHEVALIER PERLÉ. — *T. MACULARIA.*

Remarque. Dans le Manuel, page 656, il n'a été fait mention que de la livrée du printemps ou des noces; dans ce temps les deux sexes ont toutes les parties infé-rieures marquées de grandes et de petites taches noires disposées sur fond blanc pur, et les parties supérieures d'un brun cendré à reflets. Voici les indications des deux autres livrées; celle d'hiver et celle du jeune âge.

La livrée d'hiver ressemble beaucoup à celle de l'espèce suivante dans la même saison; mais elle approche plus de la teinte grise, et les parties inférieures du corps portent des taches plus petites, moins nombreuses et plus pâles qu'en été : ce sont comme autant de vestiges des belles taches noires de la livrée des noces; le de-

---

ces légères différences individuelles, sont pour l'auteur cité, autant de motifs pour augmenter le nombre des espèces.

vant du cou est blanc, marqué de petites stries très-fines et noirâtres.

Les jeunes de l'année sont aussi faciles à distinguer de ceux de l'espèce suivante, vu que leurs parties inférieures portent toujours quelques vestiges de taches brunes, de forme ovoïde, disposées sur la poitrine et à la région ventrale ; toutefois, ces taches ne paraissent que dans la saison hivernale ; dans les premiers jours d'automne les parties inférieures sont totalement blanches.

Ajoutez aux synonymes :

Atlas du Manuel, *pl. lithog.*—Selb. *Brit. orn. vol.* 2, *p.* 84. — Gould. *Birds of Europ. part.* 8. — Naum. *Naturg. Deuts. Neue Ausg. tab.* 195, *sous les trois livrées différentes.*

Habite plus particulièrement l'Amérique septentrionale, depuis le Haut-Canada jusqu'au Mexique. Quelques individus isolés ont été tués sur le Rhin et en Allemagne. Cette espèce vit le long des fleuves dans les régions boisées.

Propagation. Niche dans les régions américaines du cercle arctique ; pond quatre œufs, d'un gris blafard marqué de grandes taches irrégulières noires, et de mouchetures moins foncées.

CHEVALIER GUIGNETTE. — *T. HYPOLEUCOS*.

Remarque. Un très-grand nombre d'individus tués à Java, à Sumatra, à Timor et au Japon prouvera que cette espèce est de passage dans toutes ces îles; dans ce grand nombre, envoyé des îles Sondaïques, on ne voit pas de sujets en plumage des noces; ceux du Japon fournissent quelques individus dans le passage de cette livrée à celle d'hiver.

Ajoutez aux synonymes :

Atlas du Manuel, pl. lithog. — Roux. *Orn. provenç.* vol. 2, tab. 297, *livrée de printemps.* — Selb. *Brit. Orn.* vol. 2, p. 81. — Gould. *Birds of Europ. part.* 13. — DER HOCHECHEITELIGE, PLATTKÖPFIGE und TEICHSTRANDPFEIFER. Brehm. *Vög. Deuts. p.* 648. — Naum. *Naturg. Deuts. Neue. Ausg. tab.* 194, *sous les trois livrées.* — PIRO-PIRO PICCOLO. Savi. *Orn. Tosc. vol.* 2, *p.* 275. — LILLE STRANDSITTEREN. Nils. *Scand. fauna. tab.* 32, *en plumage parfait des noces.*

Habite. Les eaux douces et limpides; très-rarement les bords des eaux marécageuses. Commun dans les îles de la Sonde; mais toujours en plumage d'hiver.

DEUXIÈME SECTION.

CHEVALIER A BEC RETROUSSÉ.

Caractères. Voyez *Manuel,* vol. 2, page 658.

ICHEVALIER ABOYEUR. — *T. GLOTTIS.*

Ajoutez aux synonymes :

Atlas du Manuel , *pl. lithog.* — Roux. *Orn. provenç. vol.* 2, *tab.* 298. — Gould. *Birds of Europ. part.* 13. — Selb. *Brit. Orn. vol.* 2 , *p.* 86. — Der langfussige, grawe und pfeifende wasserlaufer. Brehm. *Vög. Deuts. p.* 630. — Naum. *Naturg. Deuts. Neue Ausg. tab.* 201, sous les trois livrées.— Pantana. Savi. *Orn. Tosc. vol.* 2, *p.* 267.

Habite. Les sujets que nous avons reçus des îles de la Sonde et des Moluques sont en tout point semblables à ceux d'Europe ; ils sont toujours en plumage d'hiver.

Propagation. Toujours inconnue ; il niche probablement en Norwége, vers les bords de la mer et près des mares salines.

GENRE SOIXANTE-TREIZIÈME.

BARGE. — *LIMOSA.*

Caractères. Voyez *Manuel*, vol. 2, page 662.

Les femelles sont toujours plus grandes que les mâles ; elles pondent des œufs très-grands , relativement à leur taille, et leur mue périodique a lieu lorsque les mâles sont déjà revêtus de leur livrée·

Remarque. Supprimez, vol. 2, p. 664, tout ce qui est relatif à l'identité de *Limosa Meyeri* et de *Limosa rufa*, que nous savons maintenant, très-positivement, former deux espèces distinctes, ainsi que je l'avais annoncé sur le témoignage de feu Leisler dans la première édition de ce Manuel. La brochure publiée récemment par les docteurs Hornschuch et Schilling ne laisse plus aucun doute sur les différences qu'on observe dans ces deux espèces, qu'une erreur nous a induit à réunir.

BARGE A NUQUE NOIRE. — *L. MELANURA*.

La vieille femelle est toujours plus grande que le *vieux mâle ;* son plumage, dans les deux saisons de l'année, est plus pâle et plus terne ; on la distingue facilement sous le plumage des noces par la couleur rousse plus terne, et les taches noires moins nombreuses de la livrée.

Ajoutez aux synonymes :

Atlas du Manuel, pl. lithog. — Roux. *Orn. provenç.* tab. 303, *le mâle dans les premiers jours du printemps ;* tab. 304, *plumage parfait d'hiver.* — Selb. *Brit. Orn. vol.* 2, *p.* 95. — Gould. *Birds of Europ. part.* 14. — DER ISLANDISCHE und SCHWARZSCHWANZIGE SUMPFLAUFER. Brehm. *Vög. Deuts. p.* 626. — Naum. *Naturg. Deuts. Neue. Ausg. tab.* 212, *en plumage d'été ; tab.* 213, *plu-*

mage d'hiver et jeune. — PITIMAREALE. Savi. *Orn. Tosc.* *vol.* 2, *p.* 301.

Habite. Pousse ses voyayes vers le nord jusqu'en Islande, où il niche en assez grand nombre. Rare le long du Rhin à son double passage, qui s'effectue plus vers les bords de la mer que le long des fleuves. Se trouve aussi au Japon et dans les îles de la Sonde.

BARGE DE MEYER.

LIMOSA MEYERI (LEISL.).

Bec très-long, à peu près 4 pouces, recourbé en haut; tête fortement déprimée; espace entre le bord antérieur des yeux, et le bord postérieur des narines, 10 lignes chez le mâle et 12 chez la femelle; lorum d'un brun noirâtre. La livrée d'été d'un jaune roussâtre.

Voyez pour la description de *la livrée parfaite d'hiver*, tout l'article de cette livrée dans le volume 2, page 668 et 669, où se trouve l'indication très-exacte, prise sur une femelle tuée sur nos côtes maritimes dans *le mois de mars. Voyez* pour les autres livrées la *première édition du Manuel, loco citato*, et ajoutez :

Plumage d'été du mâle.

Sommet de la tête et occiput d'un brun noirâtre mêlé de stries de jaune roussâtre, une bande de cette couleur au dessus des yeux ; lorum d'un brun noirâtre ; joues et gorge d'un roux jaunâtre ; tout le dessous du corps, y compris les couvertures inférieures de la queue d'un roux jaunâtre clair ; haut du dos et scapulaires d'un brun noirâtre marqué de marbrures jaune roussâtre et gris blanchâtre ; partie inférieure du dos et croupion, blancs, marqués de taches longitudinales fauves ; la queue rayée de bandes brunes et blanches, les bandes de cette dernière teinte irrégulièrement distribuées, et se formant en bandes plus ou moins longitudinales ; rémiges noires depuis leur pointe, le reste vers la base et entièrement d'un brun noirâtre, mais à leurs barbes intérieures d'un gris blanchâtre marbré de brun clair ; les secondaires grises avec les baguettes et des bordures blanches. Bec fortement courbé en haut, la plus grande partie de la base d'un brun jaunâtre. Longueur, de quatorze pouces jusqu'à six ou sept lignes de plus.

Plumage d'été de la femelle.

La tête et le lorum comme dans le mâle ; gorge blanche marquée de roux cendré ; joues et cou d'un roussâtre très-clair avec de nombreuses stries brunes, qui deviennent plus larges et forment de petites bandes transversales brunes et blanches sur les côtés de la poitrine; poitrine et ventre marbrés de blanc et de roussâtre très-clair; la partie abdominale blanche, les couvertures du dessous de la queue d'un blanc roussâtre avec des bandes d'un brun clair. Longueur de 16 pouces 2 ou 3 lignes. *Voyez* toutes les livrées dans Horns. et Schill. *Orn. Beitrag. pag.* 167 *et suivantes.* — Limosa Meyeri. Naum. *Naturg. Deuts. neue Ausg. tab.* 214, *sous trois livrées.* — Brehm. *Vög. Deuts. pag.* 627. — Barge de Meyer. *Manuel*, 1re *édition.*

Habite. En différentes saisons les bords de la Baltique, d'où elle se rend plus au nord vers le temps des couvées, et paraît voyager jusqu'en Asie et dans les parties occidentales de l'Europe. De passage accidentel en Hollande et seulement au printemps.

BARGE ROUSSE. — *L. RUFA.*

Les femelles sont constamment plus grandes que *les mâles;* leur plumage, en livrée d'été, est seulement un peu moins roux ou plus pâle que celui des *mâles.*

Remarque. On est prié de voir dans la description exacte, placée Manuel 2e édit., p. 668, sous la rubrique: *plumage d'hiver de la Barge rousse;* non la description propre à cette espèce, *mais bien* du plumage parfait d'hiver de la *Barge de Meyer.* Supprimez aussi la remarque p. 671 et ce qui est dit sur *l'habitat.*

Ajoutez aux synonymes :

Atlas du Manuel, pl. lithog. — Roux. *Orn. provenç. vol.* 2, *tab.* 305, *le mâle en été.* — Selb, *Brit. Orn. vol.* 2, *p.* 98.—Gould. *Birds. of Europ. part.* 15.—DER ROST-ROTHE SUMPLAUFER. Brehm. *Vög. Deuts. p.* 627.—Naum. *Naturg. Deuts. Neue Ausg. tab.* 215, *le mâle dans ses livrées et le jeune de l'année.* M. Naumann est constamment de l'avis du petit nombre des naturalistes qui forment deux espèces distinctes de ces oiseaux, que nous avons réunis erronément dans la 2ᵉ édit., quoique les ayant séparés à plus juste titre dans la 1ᵗᵉ édit. de ce Manuel. — PITTIMA PICCOLA. Savi. *Orn. Tosc. vol.* 2, *p.* 298.

Habite. Assez abondant dans le midi et le centre de l'Europe ; se montre, en petit nombre, sur les côtes de l'Océan à son double passage, qui paraît n'avoir jamais lieu le long des bords de la Baltique ; route, par laquelle le plus grand nombre des individus de la *Barge de Meyer* se rend dans les parties orientales du nord de l'Europe et de l'Asie. Faber ne les a pas vus en été en Islande, ni Boié en Norwége ; mais l'espèce est assez commune dans les parties méridionales. On la trouve aussi à Timor, à Java et sur le continent de l'Inde.

Propagation. Niche dans les parties occidentales du nord de l'Europe ; en Angleterre et en Hollande.

BARGE TEREK.

LIMOSA TEREK (Mihi).

Bec recourbé en haut ; tarse court ; doigts à peu près égaux ; l'interne et celui du milieu réunis à la base par un petit rudiment ; les deux pennes du milieu de la queue un peu plus longues que les latérales.

Front, joues, gorge, poitrine et toutes les autres parties inférieures d'un blanc pur, varié sur le devant du cou par de petites stries cendrées ; sommet de la tête, toutes les autres parties supérieures du corps et les deux pennes du milieu de la queue d'un cendré très-clair, les baguettes seulement un peu plus foncées ; épaule, bord de l'aile et rémiges noires ; les secondaires terminées de blanc ; baguette de la première rémige blanche ; les pennes latérales de la queue d'un cendré très-clair, et lisérées par une petite bordure blanche. Base du bec et pieds d'un jaune livide. Longueur, neuf pouces cinq ou six lignes. *Les deux sexes en plumage parfait d'hiver.*

Les jeunes de l'année ne nous sont pas connus.

Plumage d'été ou des noces.

Front, lorum, joue, devant et côtés du cou
marqués de petites mêches ou stries d'un brun
foncé, sur fond blanc; poitrine et les autres parties inférieures d'un blanc pur; toutes les plumes cendrées des parties supérieures marquées, le
long des baguettes, de larges mêches brunes et
d'une strie noire sur la baguette; scapulaires
portant quelques grandes taches noires, et les
autres plumes des stries noires sur les baguettes;
poignet et bord de l'aile d'un noir parfait.

Scolopax terek. Lath. *Ind. Orn. vol.* 2 , *p.* 724, *sp.*
36. — Scolopax cinerea. *N. A. Petr. vol.* 19, *p.* 6, *tab.*
9. — Gmel. *Syst.* 1 , *p.* 557. — Limosa recurvirostra.
Pall. *Zoog. Rosso-Asiat. vol.* 2 , *p.* 181. — Totanus
javanicus. Horsf. *Catal. des Ois. de Java. Linn. Tran-*
sact. vol. 13 , *p.* 193, *sp.* 7.—Terek avoset. Penn. *Arct.*
Zool. vol. 2, *p.* 502. — Terek snipe. Lath. *Syn. vol.* 5 ,
p. 155. — Terek godwit. Gould. *Birds of Europ. part.*
22, *livrée d'hiver.*

Habite. Se montre accidentellement en Europe; probablement des individus égarés qui voyagent le plus souvent en compagnie et dans les bandes du *Chevalier gam-*
bette. L'espèce vit en Russie, en Sibérie, sur les bords de
la mer Caspienne, au Japon, à Sumatra et à Borneo; les
sujets de cette dernière île, comparés aux individus tués
en Normandie et dans les environs de Paris, ne nous ont

offert aucune différence. Vit le long des bords des eaux et a la voix sonore.

Nourriture. Vers et insectes ; *on dit*, aussi de petits coquillages.

Propagation. Niche, suivant Pallas, parmi les herbes ; pond quatre œufs d'un jaunâtre pâle tirant sur l'olivâtre, marqués de tâches d'un brun rougeâtre.

GENRE SOIXANTE-QUATORZIÈME.

BÉCASSE. — SCOLOPAX.

Caractères. Voyez *Manuel*, vol. 2, page 672.

Remarque. Plusieurs naturalistes isolent comme espèces distinctes de notre *Bécassine ordinaire* deux races ou variétés, dont les pennes de la queue ne sont pas normalement au nombre de quatorze (c'est ainsi qu'on a formé la Scolopax brehmii, portant seize pennes à la queue, et la Scolopax Delamottii, dont le nombre des pennes caudales est réduit à douze pennes). La Scolopax Sabini et peut-être peregrina, forment deux espèces nouvelles pour la Faune Européenne.

BÉCASSE PROPREMENT DITE.

Caractères. Voyez *Manuel*, vol. 2, pag. 673.

BÉCASSE ORDINAIRE. — *S. RUSTICOLA.*

Le moyen le plus sûr pour connaître le sexe dans cette espèce, nous a été communiqué récemment par M. Verster de Wulverhorst, officier des chasses. *Les mâles* ont le bord externe des barbes de la première rémige couvert de taches brunes sur fond blanc jaunâtre ; *les femelles* portent un liseré blanc sans taches sur toute la longueur de cette barbe.

Notre bécasse, qui est exactement la même au Japon, y offre les mêmes variétés accidentelles de blanc jaunâtre et de roux jaunâtre, comme on les trouve en Europe.

Les petites bécasses sont, selon nos observations, les jeunes de couvées tardives, ou de couples dont les œufs ont été enlevés lors de leurs premières pontes ; ceux-ci n'entreprennent leur migration que plusieurs semaines après les masses de bécasses qui quittent les contrées septentrionales dans les premiers jours d'octobre, et lorsque ces jeunes des couvées tardives ne sont pas encore en état d'entreprendre le voyage. Ces mêmes circonstances ont lieu chez notre *Vanneau huppé*, lorsque sa première ponte a été détruite ou enlevée; on voit alors les jeunes des couvées tardives demeurer encore quelques semaines après le départ des grandes bandes.

Ajoutez aux synonymes :

Atlas du Manuel, pl. *lithog.* — Roux. *Orn. provenç.* vol. 2. *tab.* 299. — Selb. *Brit. Orn.* vol. 2, p. 107. — Gould. *Birds of Europ. part.* 17. — Die plattkopfige, fichten und schmalkopfige waldschnepfe. Brehm. *Vög. Deuts. p.* 612. — Beccacia (Rusticola vulgaris), Savi. *Orn. Tosc. vol.* 2, *p.* 304.

Propagation. On voit toutes les années quelques paires de Bécasses demeurer l'hiver en Hollande et y nicher. L'espèce niche en grand nombre dans les environs de St-Pétersbourg. On la dit sédentaire dans le midi de l'Italie.

DEUXIÈME SECTION.

BÉCASSINE.

Caractères. Voyez *Manuel*, vol. 2, pag. 675.

BÉCASSINE DOUBLE. — *S. MAJOR.*

Remarque. Quelques naturalistes forment de cette espèce et du *Scolopax gallinago* un genre distinct sous le nom de *Telmatias ;* ils isolent le *Scolopax gallinula*, sous la dénomination générique de *Philolimnos ;* tandis que la *Bécasse* est pour eux le genre *Rusticola*, et la *Bécassine ponctuée* le genre *Macrorhamphus.* Un nouveau genre sera sans doute réservé à la nouvelle espèce Européenne *Scolopax Sabinii*, et le même sort ne peut manquer de tomber en partage à la Bécassine des îles de la Sonde, notre *Scolopax stenura**, avec ses vingt-quatre ou plus exactement ses vingt-deux pennes caudales, dont les six ou sept latérales sont des baguettes à peu près ébarbées; et, ce qui est remarquable auprès de cet entourage générique, c'est que le plus grand nombre des espèces du groupe *Scolopax* des Deux-Mondes , se ressemble à tel point par le plumage et la forme du bec, qu'il est difficile de les distinguer, du premier coup d'œil, les unes des autres ; car l'espèce de Bécassine de l'Amérique méridionale porte quatorze pennes à la queue, et celle des États-Unis en compte ordinairement seize; et quoique ces deux espèces aient entre elles d'autres différences que le nombre des pennes caudales, elles ressemblent néanmoins beaucoup à notre *Bécassine commune.*

Ajoutez aux synonymes :

Atlas du Manuel, pl. lithog. — Roux. *Orn. provenç.* vol. 2. *tab.* 300. — Selb. *Brit. Orn. vol.* 2, *p.* 115. —

---

* Horsfield indique cette espèce , mais il la confond avec *S. gallinago.* Voyez *Cat. Birds. of Jav. Linn. Transact,* vol. 13, *p.* 191, *Sp.* 2.

Gould. *Birds of Europ. part.* 17. — GROSSE und GES-
PERERTE SUMPFSCHNEPFE. Brehm. *Vög. Deuts. p.* 615.—
Naum. *Naturg. Deuts. neue Ausg. tab.* 208. — CROCCO-
LONE. Savi. *Orn. Tosc. vol.* 2 , *p.* 309.

Propagation. Ne niche jamais en Hollande ; on la voit
dans la saison des noces en Danemarck , où elle niche
ainsi que vers le nord, dans de petites prairies au milieu
de vastes bruyères.

BÉCASSINE SABINE.

SCOLOPAX SABINII (Vig.).

*Bec très-long ; plumage sans aucune teinte
blanche ; la queue composée de douze pennes.*

Tête, gorge et cou d'un brun ombré, pointillé
de petites taches marron foncé ; ventre et abdomen d'un brun noirâtre, couvert de bandes et de
taches d'un brun marron ; parties supérieures
noires, mais toutes les plumes bordées de larges
bandes marron foncé ; rémiges noirâtres uni-
formes ; les pennes de la queue noires à la base,
jusque vers la moitié de leur longueur, le reste
d'un marron roussâtre marqué de fines bandes
transversales noires ; bec noirâtre, mais la base
de sa mandibule supérieure marron clair ; pieds
d'un vert olivâtre foncé. Longueur, dix pouces

trois ou quatre lignes ; *le mâle et la femelle*.

Le plumage du jeune n'est pas indiqué.

SCOLOPAX SABINII. Vigors. *Trans. of the Linn. Societ.* *vol.* 14, *p.* 556. — Selb. *Brit. Orn. vol.* 2, *p.* 118. — Gould. *Birds of Europ. part.* 16, *le mâle.*

Habite. On ne sait pas encore dans quelle contrée du globe vit et se propage l'espèce nouvelle de Bécassine du présent article ; son apparition accidentelle en Angleterre doit avoir lieu assez fréquemment, vu que, depuis 1822, on cite quatre ou cinq exemples d'individus tués dans les îles Britanniques.

Nourriture et *propagation* inconnues.

BÉCASSINE ORDINAIRE. — *S. GALLINAGO.*

Comme nous ne pouvons admettre dans la catégorie d'espèces distinctes, les individus ou les races abnormes dont le nombre des pennes de la queue est plus considérable ou moindre que celui de quatorze (dénombrement normal de notre *bécassine commune*), nous signalons ici ces variétés dans l'espèce, en les indiquant sous les noms spécifiques qui leur ont été assignés.

BÉCASSINE DE BREHM , dont la queue compte seize pennes. Il n'est guère possible de trouver dans les formes ni dans la coloration du plumage aucune différence constante ou remarquable entre ceux-ci et les individus pourvus de quatorze pennes à la queue. SCOLOPAX BREHMII. Kaup. — Brehm. *Vög. Deuts. pag.* 618. — M. Cantraine, qui a tué de ces bécassines en Italie, dit qu'elles sont assez communes près de Rome où on les voit mêlées avec celles qui ont quatorze pennes.

BÉCASSINE DELAMOTTE, dont la queue compte seulement douze pennes. Elle a été tuée par M. Baillon d'Abbeville, qui en fait une espèce distincte. Le sujet que cet ami nous a offert ne nous paraît avoir aucune autre différence marquée que celle du nombre des pennes caudales.

Ajoutez aux synonymes :

Atlas du Manuel, pl. lithog. — ROUX. *Orn. provenç. v.* 2. *tab.* 301. — Selb. *Brit. Orn. vol.* 2, *p.* 121. — Gould. *Birds of Europ. part.* 16. — Naum. *Naturg. Deuts. Neue. Ausg. tab.* 209. — DIE TEICHSUMPFSCHNEPFE, NORDISCHE und HEERSUMPFSCHNEPFE. Brehm. *Vög. Deuts. p.* 618 *et* 620. — BECCACCINO REALE. Savi. *Orn. Tosc. vol.* 2, *p.* 312.

Habite. Jusqu'au Japon, où l'espèce est exactement la même et compte toujours quatorze pennes à la queue.

Propagation. Niche assez abondamment en Hollande, mais en bien plus grand nombre vers le nord. On la trouve aussi jusqu'en Islande.

BÉCASSINE ERRATIQUE.

SCOLOPAX PEREGRINA. (Bre.)

La queue composée de 12 pennes; sur deux individus tués à Abbeville. *Espèce encore douteuse.*

Plumage absolument le même que celui de notre bécassine et de ses variétés ; mais toutes les proportions du corps, des ailes et de la queue d'un quart moindre que notre bécassine, le bec et les pieds étant moindres seulement d'un cinquième. Toutes les couleurs et la distribution des taches, disposées en raies, sont approchant les mêmes. Cette espèce ne diffère notablement que par sa petite taille et par les douze pennes à la queue, constatées sur deux individus, tués par M. Baillon d'Abbeville, qui lui a donné dans son catalogue, p. 23, le nom de *Scolopax pygmea.* Elle est, dit-il, infiniment plus petite que *Gallinago*, et tout au plus de la taille de *Gallinulla*. Longueur, 7 pouces 6 lignes ; bec 1 pouce 10 lignes ; tarse 10 lignes.

M. le pasteur Brehm, qui fait aussi mention d'une très-petite espèce de bécassine sous le nom de FREMDE SUMPFSCHNEPFE (*Telmatias peregrina*), dit qu'elle porte des raies moins régulières sur les parties supérieures; il suppose que sa patrie est le Groënland. Cet auteur cite encore en peu de mots une bécassine de l'Inde originaire des îles de la Sonde, où elle est en effet extraordinairement commune, dont la queue compte vingt-quatre pennes. Nous connaissons cette espèce, désignée par nous sous le nom de Scolopax stenura, indiquée sous *Scolopax Gallinago*, par Horsfield. *Syst. Cat. of Javan Birds.* Elle forme en effet une espèce distincte, caractérisée par vingt-quatre pennes caudales à l'état normal, et par vingt-deux ou vingt à l'état, *si l'on veut, abnorme;* mais, les six ou sept, et chez quelques individus seulement les cinq pennes latérales, sont des pennes à baguettes roides, munies de barbules très-courtes : ce caractère nous a induit au choix du nom, *Scolopax stenura.*

BÉCASSINE SOURDE. — *S. GALLINULA.*

Ajoutez aux synonymes :

Atlas du Manuel, pl. lithog. — Roux. *Orn. provenc. vol.* 2, *tab.* 302. — Selb. *Brit. Orn. vol.* 2 , *p.* 125. — Gould. *Birds of Europ. part.* 16. — Die hochköpfige, teich und kleine moorschnepfe. Brehm. *Vög. Deuts. p.* 623. — Naum. *Naturg. Deuts. Neue Ausg. tab.* 216. — Frullino. Savi. *Orn. Tosc. vol.* 2, *p.* 317.

Propagation. Niche en assez grand nombre dans les environs de St-Pétersbourg.

TROISIÈME SECTION.

BÉCASSINE CHEVALIER.

Caractères. Voyez *Manuel*, vol. 2, pag. 679.

BÉCASSINE PONCTUÉE. — *S. GRISEA*.

Le doigt du milieu uni, jusqu'à la seconde articulation, au doigt extérieur; caractère qui a servi pour en former un genre distinct.

Ajoutez aux synonymes :

Atlas du Manuel, *pl. lithog.* — MACRORHAMPHUS GRISEUS. Leach. — BROWN LONGBEAK. Selb. *Brit. Orn. vol.* 2, *p.* 103. — Gould. *Birds of Europ. part.* 3, *plumage d'hiver et d'été.* — Richards. *Faun. Borea. Americ.*, *p.* 398.

GENRE SOIXANTE-QUINZIÈME.

RALE. — *RALLUS.*

Caractères. Voyez *Manuel*, vol. 2, page 682, et ajoutez :

La mue de ces oiseaux est double, mais il n'existe aucune différence marquée entre les deux livrées.

RALE D'EAU VULGAIRE. — R. *AQUATICUS.*

Ajoutez aux synonymes :

Atlas du Manuel, *pl. lithog.* — Roux. *Orn. provenç. vol.* 2, *tab.* 329. — Selb. *Brit. Orn. vol.* 2, *p.* 172. — Gould. *Birds. of Europ. part.* 4. — Die deutsche und nordische wasserralle. Brehm. *Vög. Deuts. p.* 690. — Gallinella. Savi. *Orn. Tosc. vol.* 2, *p.* 371.

GENRE SOIXANTE-SEIZIÈME.

POULE-D'EAU. — *GALLINULA.*

Caractères. Voyez *Manuel*, vol. 2, pag. 685.

PREMIÈRE SECTION,

Caractères. Voyez *Manuel*, vol. 2, page 686.

A. Point de plaque frontale.

POULE D'EAU DE GENET. — *G. CREX.*

Ajoutez aux synonymes :

Atlas du Manuel, *pl. lithog.* — Roux. *Orn. provenç.* *vol.* 2, *tab.* 328. — MEADOW or CORN CRAKE. Selb. *Brit. Orn. vol.* 2, *p.* 176. — Gould. *Birds of Europ. part.* 1. — DER DEUTSCHE, GRAS, WIESEN und HOCHKÖPFIGE KNARRER. Brehm. *Vög. Deuts. p.* 693. — RE DI QUAGLIA. Savi. *Orn. Tosc. vol.* 2, *p.* 374.

Habite. Cette espèce vit dans les bois taillis et les hautes herbes dans le voisinage des eaux, seulement dans la période du passage ; durant le reste de l'année on la voit dans les champs.

POULE D'EAU MAROUETTE. — *G. PORZANA.*

Ajôutez aux synonymes :

Atlas du Manuel, *pl. lithog.* — RALLUS PORZANA. Roux. *Orn. provenç. vol.* 2, *tab.* 330. — SPOTTED CRA-KE (Crex). Selb. *Brit. Orn. vol.* 2, *p.* 179. — ZAPORINA PORZANA. Gould. *Birds of Europ. part.* 16. — DAS BUNTE, GEFLEKTE und GEPUNKTETE ROHSHUHN. Brehm. *Vög. Deuts. p.* 696. — VOLTOLINO. Savi. *Orn. Tosc. vol.* 2, *p.* 376.

POULE D'EAU POUSSIN. — *G. PUSILLA.*

Ajoutez aux synonymes :

Atlas du Manuel, *pl. lithog.* — RALLO MAROUETTE. Roux. *Orn. provenç. vol.* 2, *tab.* 331. — CREX PUSILLA. Selb. *Brit. Orn. vol.* 2, *p.* 185. — ZAPORINA PUSILLA. Gould. *Birds of Europ. part.* 10. — ZWERG und KLEINES ROHRHUHN. Brehm. *Vög. Deuts. p.* 700. — SCHIRIBOLLA. Savi. *Orn. Tosc. vol.* 2, *p.* 379.

Habite. Est répandue jusqu'au Japon, où l'espèce est la même.

POULE D'EAU BAILLON. — *G. BAILLONII.*

Ajoutez aux synonymes :

Atlas du Manuel, *pl. lithog.* — RALLE BAILLON. ROUX.

Orn. provenç. vol. 2, *tab.* 332. — CREX BAILLONII. Selb. *Brit. Orn. vol.* 2, *p.* 182. — ZAPORINA BAILLONII. Gould. *Birds of Europ. part.* 9.— KLEINSTES ROHRHUHN. Brehm. *Vög. Deuts. p.* 701.— SCHIRIBOLLA GRIGIATA. Savi. *Orn. Tosc. vol.* 2, *p.* 380.

Habite. Cette espèce visite aussi l'Angleterre, peut-être même y niche-t-elle. Les sujets que nous avons reçus du Japon ne diffèrent pas de ceux d'Europe.

DEUXIÈME SECTION.

Caractères. Voyez *Manuel*, vol. 2, page 693.

B. Portant une plaque frontale.

POULE D'EAU ORDINAIRE. — *G. CHLOROPUS.*

La variété d'Afrique, qu'on trouve aussi dans toutes les îles de la Sonde, a le bord antérieur de l'aile roussâtre; les couvertures du dessous de la queue, qui sont dans les individus d'Europe, d'Asie et du Japon, d'un blanc pur ou légèrement isabelle, ont une teinte roussâtre dans la variété d'Afrique et des îles de la Sonde : elle est aussi un peu moins grande que les sujets d'Europe et du Japon, et la plaque frontale est plus large. Cette variété des îles de la Sonde est indiquée sous GALLINULA ORIENTALIS. Horsf. *Cat. Birds of Java Linn. transact. vol.* 13.

Ajoutez aux synonymes :

Atlas du Manuel, *pl. lithog.* — Roux. *Orn. provenç.*
vol. 2, *tab.* 334, *adulte ; et tab.* 335, *jeune.* — Selb.
Brit. Orn. vol. 2, *p.* 188. — Gould. *Birds of Europ.*
part. 14. — DAS NORDISCHE, GRUNFUSSIGE und KLEINE
TEICHHUHN. (Stagnicola) Brehm. *Vög. Deuts. p.* 704.—
SCIABICA. (Rallus). Savi. *Orn. Tosc. vol.* 2, *p.* 382.

Habite. La poule d'eau du Japon ne diffère de celle de
l'Europe que par la teinte isabelle des couvertures latérales sous-caudaires ; notre variété Européenne les a
blanches.

GENRE SOIXANTE-DIX-SEPTIÉME.

TALÈVE. — *PORPHYRIO.*

Caractères. Voyez *Manuel*, vol. 2, page 696.

TALÈVE PORPHYRION. — *P. HYACINTHINUS.*

Les jeunes de l'année, jusqu'au mois d'octobre, ont le ventre blanc ; l'occiput brun-jaunâtre ; la partie médiane de la poitrine blanchâtre,
et le manteau d'un cendré bleuâtre. Les pieds
sont olive-rougeâtre. A l'époque de la mue, qui a
lieu vers la fin d'octobre, on trouve des indivi-

dus dans le passage de la livrée du jeune à l'état adulte : dans les premiers jours de mai on le trouve dans son beau plumage, bleu-turquoise.

Ajoutez aux synonymes :

Atlas du Manuel, *vol.* 2, *pl. lithog.* — Roux. *Orn. provenç. vol.* 2, *tab.* 333. — Gould. *Birds of Europ. part.* 15. — Pollo sultano. Savi. *Orn. Tosc. vol.* 2, *p.* 369.

Habite. Une communication de M. Cantraine nous a appris que le Porphyrion est très-commun en Sicile, dans les environs de Lentini ; il n'est pas connu en Dalmatie, ni en Calabre, est assez rare en Sardaigne. Il est connu à Catane sous le nom de *Gallo-fagiano.* Ces oiseaux vivent dans les marécages où l'eau n'est pas haute ; leur stupidité est telle que, lorsqu'ils sont poursuivis de près, ils enfoncent la tête dans la vase. M. Verneuil me marque, qu'on voit parfois des individus isolés dans le Dauphiné ; celui du Musée de Grenoble fut tué dans les marais de Bourgoin.

ORDRE QUATORZIÈME.

PINNATIPÈDES. — *PINNATI-PEDES.*

Caractères. Voyez *Manuel*, vol. 2, p. 703.

GENRE SOIXANTE-DIX-HUITIÈME.

FOULQUE. —*FULICA.*

Caractères. Voyez *Manuel*, vol. 2, page 705.

FOULQUE MACROULE. — *F. ATRA.*

Ajoutez aux synonymes :

Atlas du Manuel, *pl. lithog.* — Roux. *Orn. provenç. vol.* 2, *tab.* 336. — Selb. *Brit. Orn. vol.* 2, *p.* 198. — Gould. *Birds of Europ. part.* 12. — DAS SCHWARZE, KOHLSCHWARZE und BREITSCHWANZIGE WASSERHUHN. Br. *Vög. Deuts. p.* 709. Cette troisième espèce de Brehm , ou sa *Fulica platyuros* est basée, comme ses espèces de *Bécassines*, sur le nombre abnorme de seize pennes à la queue ; les sujets à l'état normal ont quatorze pennes caudales. — FOLAGA. Savi. *Orn. Tosc. vol.* 3, *p.* 5.

Habite dans toute l'Italie. Les sujets du Japon ne diffèrent point de ceux d'Europe et ils sont exactement res-
semblans à ceux des îles de la Sonde, où l'espèce est
également commune.

GENRE SOIXANTE-DIX-NEUVIÈME.

PHALAROPE. — *PHALAROPUS.*

Caractères. Voyez *Manuel*, vol. 2, page 708.

Les mâles entrent en mue lorsque *les femelles*
sont déjà revêtues de la livrée des noces.

PREMIÈRE SECTION.

Caractères. Voyez *Manuel*, vol. 2, page 709.

PHALAROPE HYPERBORÉ. — *P. HYPERBOREUS.*

La femelle est plus grande que *le mâle* ; mais
elle lui ressemble par les teintes du plumage qui
sont même plus vives.

Ajoutez aux synonymes :

Atlas du Manuel, pl. lithog. — Roux. *Orn. provenç.*

vol. 2, *tab.* 337. — Selb. *Brit. Orn. vol.* 2, *p.* 166. — Gould. *Birds of Europ. part.* 4, *le mâle et la femelle en plumage des noces.* — Naum. *Naturg. Deuts. Neue Ausg. tab.* 205, *dans les trois livrées.* — Richards. *Faun. Boréal. Amer. p.* 406. — Faber. *Prodrom. der Island. Orn. p.* 37. — Sabine *Birds of Groenl. Linn. Transac. Soc. p.* 9, *sp.* 11.— Der Graue Lappenfuss. Brehm. *Vög. Deuts. p.* 676.—Falaropo iperboreo. Savi. *Orn. Tosc. vol.* 3, *p.* 11.

Habite. Jusque très-avant dans le Nord des deux Mondes ; au Groënland, en Islande et dans les îles Western.

Propagation. Le nid est formé avec art, entrelacé de mousse et de brins d'herbe ; il ressemble à celui des *Anthus* et se trouve garni de duvet.

DEUXIÈME SECTION.

Caractères. Voyez *Manuel*, vol. 2, page 712.

PHALAROPE PLATYRHINQUE. — *P. PLATYRHIN-CHUS.*

La femelle en plumage des noces a le front, le sommet de la tête et l'occiput d'un noir plein sans aucune tache ; la bande des joues est plus large que dans le mâle, et d'un blanc parfait ; la couleur noire prédomine sur le plumage du dos ; les bords roux des plumes étant plus étroits que chez le mâle ; les parties inférieures sont plus rousses et moins mêlées de plumes blanches ; elle porte ce plumage plus long-temps que le mâle, qui entre en mue quelque temps après la femelle, et quitte cette livrée avant elle.

Ajoutez aux synonymes :

Atlas du Manuel, *pl. lithog.* — Sabine *Birds of Groenl. Linn. Transact. p.* 11. — Selby. *Brit. Orn. vol.* 2, *p.* 162. — Gould. *Birds of Europ. part.* 4, *dans la livrée d'hiver et d'été.* — DER ROTHE und BREITSCHNABLIGE WASSERTRETER. Brehm. *Vög. Deuts. p.* 678. — Naum. *Naturg. Deuts. Neue Ausg. tab.* 206, *sous les trois livrées.* — Faber. *Prodrom. p.* 38. — BREDNABBAD SIM-SNAPPA. Nils. *Skandinav. Fauna. tab.* 42, *en plumage des noces.* — CRYMOPHILE ROUX (Chrymophilus). Vieill. *Galer. des Ois. vol.* 2, *p.* 176, *tab.* 270, *femelle en été.* — FALAROPO ROSSO. Savi. *Orn. Tosc. vol.* 3, *p*, 13.

Habite. En été assez commun en Islande. Se montre souvent en Hollande dans la livrée du jeune, plus rarement en hiver dans la livrée cendrée.

Propagation. Niche très-avant dans le Nord sous le 68° degré. Les œufs sont d'un cendré verdâtre, tacheté et pointillé de noir.

GENRE QUATRE-VINGTIÈME.

GRÊBES. — *PODICEPS.*

Caractères. Voyez *Manuel*, vol. 2, page 716.

GRÊPE HUPPÉ. — *P. CRISTATUS.*

Ajoutez aux synonymes :

Atlas du Manuel, pl. lithog. — Roux. *Orn. provenç. vol.* 2, *tab.* 344 et 345 ; *adulte et jeune.* — Selb. *Brit. Orn. vol.* 2, *p.* 394. — Gould. *Birds of Europ. part.* 9 , *plumage d'été et d'hiver.* — DER GROSSE , HOCHSKÖPFIGE und PLATTKÖPFIGE HAUBENSTEISFUSS. Brehm. *Vög.Deuts. p.* 952. — Naum. *Naturg. Deuts. Neue Ausg. tab.* — SUASSO COMUNE. Savi. *Orn. Tosc. vol.* 3 , *p.* 23.

Habite. Vit jusqu'au Japon où l'espèce est exactement la même qu'en Europe.

GRÊBE JOU-GRIS. — *P. RUBRICOLLIS.*

Ajoutez aux synonymes :

Atlas du Manuel, pl. lithog. — Roux. *Orn. provenç. vol.* 2, *tab.* 347. — Selb. *Brit. Orn. vol.* 2 , *p.* 392. — Gould. *Birds of Europ. part.* 7, *adulte et jeune.* — DER

Danische, buntschablige und schmalshnablige roth
kehlige steissfuss Brehm. *Vög. Deuts. p. 956. —*
Naum. *Naturg. Deuts. Neue Ausg. tab. —* Suasso rosso.
Savi. *Orn. Tosc. vol. 3, p. 21.*

Habite. Vit jusqu'au Japon, où l'espèce est exactement
la même qu'en Europe. Elle n'est nulle part plus abondamment répandue que dans le Holstein.

GRÈBE ARCTIQUE.

PODICEPS ARTICUS. (Boié.)

La tête ornée d'une huppe très-courte sans panache ni collerette; le front d'un brun rougeâtre,
toutes les parties supérieures d'un brun noirâtre
sans aucun lustre sur le manteau, dont les plumes sont finement liserées de couleur plus claire;
le miroir blanc est caché; gorge et joues gris de
souris; derrière les yeux est dessiné une bande
longitudinale d'un roux clair qui vient s'unir sur le
devant du cou, coloré de cette teinte; la tête est
d'un roux clair marqué de stries blanches; tout
le dessous du corps est d'un blanc lustré, marqué aux flancs de brun clair et de roux; abdomen
grisâtre. Bec d'un brun noirâtre à la base, mais
jaunâtre à la pointe; mandibule inférieure et
coins nus du bec d'un jaune terne; iris rouge
avec un cercle blanc autour de la pupille. Lon-

gueur de la pointe du bec à celle de la queue 11 pouces 10 lignes. *Les deux sexes en livrée parfaite d'été.*

Le plumage d'hiver n'a pas encore été indiqué.

Les jeunes diffèrent de ceux de l'espéce suivante par leur bec, qui est plus gros et fort, non affaissé en avant des narines, et par le brun pur des onze premières rémiges.

PODICEPS ARCTICUS. Boié. *Tageb. reis. Nach. Norweg.* p. 308. — DER ISLANDISCHE STEISSFUSS. Brehm. *Vög. Deuts. p.* 961. — PODICEPS AURITUS. Faber. *Prodrom. Island. Orn. p.* 62.

Habite, particulièrement l'Islande où l'espèce est très-commune, visite aussi les côtes de Norwége et de Danemarck, plus rarement celles de Hollande. Paraît avoir été toujours confondue avec l'espèce suivante.

Nourriture, comme toutes celles du genre.

Propagation. Place son nid flottant sur les bords des eaux douces, pond de trois à six œufs, d'un blanc pur.

GRÈBE CORNU. — *P. CORNUTUS.*

Ajoutez aux synonymes :

Atlas du Manuel, pl. lithog. — ROUX. *Orn. provenç.*

vol. 2 , *tab.* 348 , *très-vieux mâle.* — Selb. *Brit. Orn.*
vol. 2, *p.* 397. — Richards. *Faun. Boreal. Amer. p.* 411,
sp. 176. — Gould. *Birds of Europ. part.* 8. — DER GROSSE
und KLEINE GEHÖRNTE STEISSFUSS. Brehm. *Vög. Deuts.*
p. 959. — Naum. *Naturg. Deuts. Neue Ausg.* — Faber
Prodrom. Island. p. 61. — SUASSO FORESTIERO. Savi.
Orn. Tosc. vol. 3 , *p.* 20.

Habite. Se trouve aussi en Islande , mais y est bien
moins nombreuse que l'espèce précédente. Cette espèce
que Faber désigne sous le nom de *P. auritus* pourrait
bien être le véritable *Auritus* décrit par Linné. Les jeunes de l'année sont communs sur l'Adriatique.

GRÈBE OREILLARD. — *P. AURITUS.*

Ajoutez aux synonymes :

Atlas du Manuel , pl. lithog. — Roux. *Orn. provenç.*
vol. 2, *tab.* 349. — Selb. *Brit. Orn. vol.* 2 , *p.* 399. —
Gould. *Birds of Europ. part.* 1 , *mâle et femelle, adultes.*
— DER SCHWARZHALSIGE und ROTHALSIGE OHRENSTEISS-
FUSS. Brehm. *Vög. Deuts. p.* 963. — Naum. *Naturg.*
Deuts. Neue Ausg. tab. — SUASSO PICOLO. Savi. *Orn.*
Tosc. vol. 3, *p.* 18.

Habite. En hiver , très-abondant dans le golfe de Cagliari, où on le voit en petites troupes à la distance d'une
demi-lieue de la côte; il vit aussi en troupes dans la mer
Adriatique , mais on n'y voit que les jeunes de l'année.

GRÈBE CASTAGNEUX. — *P. MINOR.*

Ajoutez aux synonymes:

Atlas du Manuel, pl. lithog. — Roux. *Orn. provenç. vol.* 2 , *tab.* 346. — Selb. *Brit. Orn. vol.* 2, *p.* 401. — Gould. *Birds of Europ. part.* 2, *plumage d'été et d'hiver.* — DER HEBRIDISCHE, MITTLERE und KLEINSTE ZWERG- STEISSFUSS. Brehm. *Vog. Deuts. p.* 964. — FUFFETTO. Savi. *Orn. Tosc. vol.* 3 , *p.* 17.

ORDRE QUINZIEME.

PALMIPÈDES.—*PALMIPEDES.*

Caractères. Voyez *Manuel,* vol. 2, p. 730.

GENRE QUATRE-VINGT-ET-UNIÈME.

HIRONDELLE DE MER. — *STERNA.*

Caractères. Voyez *Manuel*, vol. 2, page 731.

Ce genre ou cette coupe très-naturelle, caractérisée par des formes, à plusieurs égards, peu variables, a subi le même sort que les autres; elle a été subdivisée récemment en : *Gelochelidon,* — *Thalasseus,* —*Sterna,*—*Sternula,*—*Viralva,* —*Hydrochelidon* et — *Megalopterus.*

A. — *Espèces qui se nourrissent de poisson vivant.*

H. DE M. TSCHEGRAVA. — *S. CASPIA.*

Ajoutez aux synonymes :

Atlas du Manuel, pl. *lithog.* —¡ Selb. *Brit. Orn. vol.*
2 , *p.* 463. — Gould. *Birds of Europ. part.* 18 *, livrée
d'été.* — Die baltische , acker und sudliche lachsee-
schwalbe. Brehm. *Vog. Deuts. p.* 772. — Rondine di
mare maggiore. Savi. *Orn. Tosc. vol.* 3 *, p.* 96.

Habite. Plusieurs individus isolés ont été tués en Angleterre ; commun sur les côtes occidentales de Schleswig,
particulièrement dans l'île Sylt. J'en ai tué, quoique rarement sur les côtes de Hollande. M. Cantraine l'a vu et
tué dans le détroit de Bonifacio. Un couple nichait dans
le voisinage de l'île San Stefans.

H. DE M. CAUGEK. — *S. CANTIACA.*

Ajoutez aux synonymes :

Atlas du Manuel, pl. *lithog.* —Sandwich tern. Selb.
Brit.Orn.vol. 2, *p.* 464.—Gould. *Birds of Europ. part.* 6.
—Die weisgraue und weissliche meerschwalbe. Brehm.
Vög. Deuts. p. 776.—Beccapecci. Savi. *Orn. Tosc. vol.*
3, *p.* 87.

HIRONDELLE DE MER VOYAGEUSE.

STERNA AFFINIS. (Rupp.)

Ressemble à l'espèce précédente pour les for-

mes et les couleurs, hormis celles de la queue.
Bec long, jaune vif; pieds noirs; hauteur du
tarse 11 lignes; ailes et queue à peu près égales.

A l'occiput des plumes noires et longues, et en
avant des yeux un croissant de cette couleur;
front, sommet de la tête, toutes les parties inférieures, côtés et partie postérieure du cou, ainsi
que le haut du dos, d'un blanc lustré argentin;
le reste du dos, la queue, les scapulaires et les
ailes d'un cendré bleuâtre clair; les pennes extérieures de la queue lisérées de blanc; rémiges
d'un cendré qui paraît velouté, toutes bordées
sur les barbes intérieures par une large bande
d'un blanc pur. Tout le bec d'un jaune vif; pieds
totalement noirs. Longueur de 13 à 14 pouces.
Les sexes en hiver. C'est alors :

STERNA MEDIA. Horsf. *Syst. Arr. Birds. from Java.*
in Linn. Trans. vol. 13, *p.* 199, *sp.* 3, et remarquez
que la *S. affinis* de M. Horsfield est exactement la même
espèce que *Sterna anglica* de Montagu.

Plumage de printemps ou des noces.

Front, sommet de la tête et les longues plumes de l'occiput d'un noir profond sans aucune
tache; *nous ne savons pas* si le cou et la poitrine

ont une teinte rose , n'ayant pas vu d'individu fraîchement tué ; le reste comme en hiver , mais le bout de la penne extérieure de la queue d'un cendré qui paraît velouté. Tout le bec d'un jaune très-vif. C'est alors :

STERNA AFFINIS. Craestchm. *in Zool.—Atl. Vog. Rupp. Abyss. p.* 23, *tab.* 14.—HELLGRAUE MEERSCHWALBE. *Loc. cit.* — M. Ehremberg en a fait STERNA ARABICA, parce qu'il s'est procuré cet oiseau, grand voilier et cosmopolite, dans le cadre géographique de l'Arabie.

Les adultes qui n'ont point encore terminé leur mue ont les rémiges noires , mais toutes à bande interne longitudinale et blanche ; les baguettes d'un blanc pur ; la queue d'une teinte cendrée plus foncée que celle du dos et des ailes ; toutes les pennes caudales terminées de cendré brun ; la base du bec d'un jaune terne , mais la pointe jaune vif.

Les jeunes de l'année ne me sont pas connus.

Habit. Cette espèce dont les mœurs paraissent très-erratiques, a été observée et décrite pour la première fois sur des sujets tués sur la mer Rouge ; nous en avions reçu de différentes autres localités , telles que la Nouvelle-Guinée , Ceram et Celèbes ; aujourd'hui on la trouve dans l'Archipel grec , sur le Bosphore et les bouches du Danube , où probablement on l'aura confondue jadis avec les espèces plus répandues en Europe.

Nourriture et propagation, inconnues.

H. DE M. DOUGALL. — *S. DOUGALLI.*

La couleur des pieds est d'un rouge de cerise.

Remarque. Il paraît que cet oiseau n'a pas encore été vu dans son plumage d'hiver ; à son passage on n'en voit point dans cette livrée ; les contrées méridionales , où il séjourne en hiver , ne sont pas encore déterminées.

Ajoutez aux synonymes :

Atlas du Manuel , pl. lithog. — STERNE ROSE. Vieill. *Galer. des Ois. vol.* 2, *p.* 225 , *tab.* 290 , *en livrée d'été.* — Selby. *Brit. Orn. vol.* 2. *p.* 470. — Gould. *Birds of Europ. part.* 10, *plumage parfait d'été.* — DOUGALSCHE SEESCHWALBE. Brehm. *Vög. Deuts. p.* 779. — RONDINE DI MARE ZAMPE-GIALLE. Savi. *Orn. Tosc. vol.* 3, *p.* 93.

Habite. M. Calvi a trouvé cette espèce sur les côtes de Gênes. Elle vit l'été en grand nombre sur les îles Fern et dans plusieurs parties de l'Écosse. On la voit accidentellement en août ou en septembre sur les côtes de Hollande.

Propagation. Niche dans les îles Fern, où elle choisit les limites externes des stations occupées par l'hirondelle de mer Arctique, très-commune dans ces Iles. En Bretagne elle niche dans l'Ile aux Dames et placé son nid à la cime des rochers. Les œufs sont plus grands que ceux de l'Arctique, d'un blanc de lait marqué de taches et de points noirs et bruns.

H. DE M. PIERRE GARIN. — *S. HIRUNDO.*

Ajoutez aux synonymes :

Atlas du Manuel, *pl. lithog.* — Selb. *Brit. Orn. vol.* 2 , *p.* 468. — Gould. *Birds of Europ. part.* 10. — DIE FLUSS, POMMERSCHE , uNd ROTHFUSSIGE SEESCHWALBE. Brehm. *Vög. Deuts. p.* 780. — RONDINE DI MARE. Savi. *Orn. Tosc. v.* 3 , *p.* 85.

H. DE M. ARCTIQUE. — *S. ARCTICA.*

Les jeunes de l'année. Devant de la tête, gorge, nuque et parties inférieures d'un blanc pur, mais nuancé sur la poitrine et au ventre de cendré clair ; le sommet de la tête tacheté de noir et de blanc ; les parties supérieures cendrées , mais les couvertures des ailes marbrées de brun ; la barbe extérieure de la première rémige noire à la base; pennes scapulaires et secondaires terminées de blanc. Bec noir, mais rougeâtre à la base de sa mandibule inférieure.

Remarque. La livrée parfaite d'hiver n'a pas encore été observée.

Ajoutez au petit nombre des synonymes :

Atlas du Manuel, *pl. lithog.* — Sabine. *Suppl. to Parry's first. voy. p.* 202. — Richards. *App. to Parry's second voy. p.* 356. — Id. *Fauna Borea. Americ. p.* 414, *sp.* 179.— Gould. *Birds of Europ. part.* 3, *livrée d'été.*—STERNA HIRUNDO. Faber. *Prod. Island. Orn. p.* 88. — DIE LANGSCHWANZIGE und NORDISCHE SEESCHWALBE. Brehm. *Vög. Deuts. p.* 784. — RONDINE DI MARE CODALUNGA. Savi. *Orn. Tosc. vol.* 2, *p.* 86. — COMMON TERN. Sabine. *Mémoir. Birds of Groenland, p.* 16, *sp.* 17.

Habite. Très-nombreux à l'île Melville et sur les bancs et les rochers des mers Arctiques ; commun au Groënland, en Islande et aux îles Féroé * ; visite dans les fortes tempêtes du nord-ouest les côtes de Hollande ; très-commun sur les terres d'alluvion le long des côtes maritimes du Holstein et de Schleswig ; tandis que *Sterna hirundo* habite les bords graveleux de la Baltique.

Propagation. Construit son nid sur le rivage dans un

---

* Nous sommes d'opinion que la *Sterna Nitzschii* de Kaup, et la *Sterna brachytarsa* de Graba sont des sujets de la *Sterna arctica.* Ne les ayant pas examinés en nature, nous ne saurions rien affirmer sur ce point et jugeons simplement d'après les descriptions. Voyez Graba, *Reise nasch Färö*, p. 218 à p. 222.

petit enfoncement. Les œufs sont très-obtus au gros bout
et pointus vers l'autre ; ils varient du jaune terne au
gris bleuâtre et sont marqués de grandes taches brunes
irrégulièrement distribuées.

H. DE M. HANSEL. — *S. ANGLICA.*

Remarque. Les naturalistes qui ont fait des observations
en Amérique sont d'avis et assurent positivement, que,
nonobstant la grande ressemblance de *Sterna anglica* de
nos contrées avec *Sterna aranea* , propre aux deux Amé-
riques, il existe une légère différence dans les formes
totales entre ces deux espèces, et une disparité très-
marquée dans leur genre de vie. Notre *Anglica* qui vit
aussi dans l'Inde, se nourrit de poisson; tandis que l'*Aranea* d'Amérique vit d'insectes qu'il saisit au vol. Nous
éloignons donc provisoirement la STERNA ARANEA de
Wilson, pl. 72, fig. 6, des Synonymes de notre *Anglica*
et rectifions les citations comme suit :

STERNA ANGLICA. Montag. *Orn. dict. supp. et la table
qui l'accompagne.* — Savigny. *Grand ouvrage d'Egypte.
Orn. tab.* 60.— STERNA STUBBERICA. Otto. *Deuts. Ubers.
von Buff. Naturg.*—HIRONDELLE DE MER HANSEL. *Voyez les
Descriptions du Manuel, p.* 744 , *et Atlas pl. lithog.* —
STERNA AFFINIS. Horsf. *Descript. cat. birds of Java.
Linn. Transact. vol.* 13, *p.* 199, *sp.* 5. — GULLBILLED
STERN. Selb. *Brit. Orn. vol.* 2, *p.* 480. — Gould. *Birds
of Europ. part.* 7 , *en plumage parfait d'été.* — RONDINE
DI MARE ZAMPE-NERE. Savi. *Orn. Tosc. vol.* 2 , *p.* 90.

Habite. Les grands lacs et les bords des golfes, plus rarement ceux de la mer ; assez nombreux dans certains temps de l'année sur les lacs Neusidel et Platten en Hongrie ; visite les bords de la mer Rouge. M. Boié en a reçu des côtes occidentales du Juttland, et deux individus, dont l'un a été tué, ont été vus par nous l'été dernier, sur un des lacs de la Hollande méridionale. Très-abondant dans les îles de la Sonde, d'où plusieurs individus nous sont parvenus qui ne diffèrent en rien de ceux d'Europe. M. Gould a vu des sujes tués par M. Sykes dans l'Inde Dukhun.

Nourriture. M. Sykes dit que les individus tués au Dukhun se nourrissent de poisson.

Propagation. Niche dans les îles Stubber et le Juttland, dans les vastes marais et les plages de l'embouchure du Danube ; pond, selon M. Gould, trois ou quatre œufs, de forme ovale, d'un brun olivâtre, tachetés de deux nuances de brun foncé.

HIRONDELLE DE MER NODDY.

STERNA STOLIDA. (Linn.)

La queue arrondie ; les ailes dépassant de beaucoup celle-ci.

Le front blanc, se nuançant par demi-teintes en gris cendré vers le sommet de la tête et en gris plus foncé à l'occiput ; en avant des yeux ou ré-

gion du lorum, noir ; gorge et joues d'un gris
brun ; tout le plumage supérieur et inférieur
d'un brun chocolat ; pennes de la queue et rémiges d'un brun noirâtre. Bec et pieds noirs.
Longueur, 12 pouces. *L'adulte en plumage d'été
ou des noces.*

STERNA STOLIDA. Linn. Gmel. *syst.* 1, *p.* 605.—GAVIA
FUSCA. Briss. *Orn. vol.* 6, *p.* 199 , *tab.* 18, *fig.* 2. — LE
FOU. *Hist. de la Louis. vol.* 2, *p.* 119. — LA MOUETTE
BRUNE. Buff. *pl. enl.* 997.—LE NODBY. Id. *Ois. vol.* 8, *p.*
461, *tab.* 37.— Penn. *Arct. Zool. vol.* 2, *n°* 446.— Catesb.
Car. vol. 1, *tab.* 88. — Gould. *Birds of Europ. part.* 21.

Habite. Le golfe du Mexique , les côtes de la Floride
et les îles Bahama, où ils viennent pour nicher ; mais
leur apparition a lieu sur toutes les côtes maritimes de
l'Amérique. Il n'est pas étonnant qu'une espèce dont le
vol est si facile et soutenu visite accidentellement les
plages européennes ; dans l'été de 1830 , deux individus
ont été tués en Irlande , et son apparition en France a
aussi eu lieu ; nous ne l'avons jamais vu sur les côtes de
Hollande.

Nourriture. Poissons qu'il saisit en rasant la surface
des eaux, souvent à de grandes distances de terre.

Propagation. Niche indistinctement, dans les buissons,
sur les arbres peu élevés , ou sur les rochers ; pond trois
œufs, d'un jaune rougeâtre tacheté et marqué de points
rouges et pourprés.

B. — *Espèces qui se nourrissent d'insectes aquatiques et de phalènes.*

H. DE M. MOUSTAC. — *S. LEUCOPAREIA.*

Ajoutez aux synonymes :

Atlas du Manuel, *pl. lithog.* — Gould. *Birds of Europ. part.* 8, *plumage parfait d'été.* — DIE SCHNURRBARTIGE WASSERSCHWALBE. Brehm. *Vög. Deuts. p.* 797. — RONDINE DI MARE PIOMBATA. Savi. *Orn. Tosc. vol.* 3 , *p.* 92.

Habite. Les sujets que nous venons de recevoir de Borneo ne diffèrent absolument en rien de ceux d'Europe. On trouve cette espèce en Dalmatie et sur les côtes de Syrie et d'Egypte.

Propagation. Niche sous l'équateur, comme dans nos régions , dans les vastes marais et les jonchaies. Ponte toujours inconnue.

H. DE M. LEUCOPTÈRE. — *S. LEUCOPTERA.*

Le plumage de la saison hybernale n'est pas encore connu ; l'espèce habite alors probablement au-delà des limites européennes.

Ajoutez aux synonymes :

Atlas du Manuel, *pl. lithog.* — Gould. *Birds of*

Europ. part. 11. — Die weisschwingige Wasser-schwalbe. Brehm. *Vög. Deuts.* *p.* 796. — Mignattino Zampe-bosse. Savi. *Orn. Tosc. vol.* 3, *p.* 83.

Propagation. Est commune au printemps en Dalmatie dans le cercle de Zara sur le lac Boccagnazzo ; mais elle n'y niche pas, car en juillet on ne l'y trouve plus.

H. DE M. ÉPOUVANTAIL. — *S. NIGRA.*

Ajoutez aux synonymes :

Atlas du Manuel, pl. lithog. — Gould. *Birds of Europ. part.* 4, *livrée d'été et d'hiver.* — Selb. *Brit. Orn. vol.* 2, *p.* 477. — Die schwarze, schwarzliche und dunkle Wasserschwalbe. Brehm. *Vög. Deuts. p.* 793. — Mignattino. Savi. *Orn. Tosc. vol.* 3, *p.* 79.

Habite. Vit en grandes troupes dans les marais de Tombolo et d'Ostia, mais n'y vient pas avant les premiers jours d'avril.

PETITE HIRONDELLE DE MER. — *S. MINUTA.*

Remarque. Il paraît que la petite Hirondelle de mer des îles de la Sonde et des Moluques, diffère un peu de celle d'Europe par la taille, moins forte, et par la forme plus grêle du bec. Quoique M. Horsfield la considère comme la même que notre *Minuta*, nous sommes d'avis qu'elle forme une espèce distincte, à la vérité très-peu disparate de la nôtre. Elle a été désignée par nos voyageurs sous le nom de *Pusilla*. On la trouve jusqu'à la Nouvelle-Guinée.

Ajoutez aux synonymes :

Atlas du Manuel, pl. lithog. —Selby. *Brit. Orn. v.* 2, p. 475. — Gould. *Birds of Europ. part.* 8 , *l'adulte et le jeune.* — DIE SPALTFUSSIGE , POMMERSCHE und DANISCHE ZWERGSCHWALBE. Brehm. *Vög. Deuts. p.* 790. — FRATICELLO. Savi. *Orn. Tosc. vol.* 3 , *p.* 94.

GENRE QUATRE-VINGT-DEUXIÈME.

MOUETTE. — *LARUS*.

Caractères. Voyez *Manuel*, vol. 2, page 754, et mieux :

Bec long ou médiocre , fortement courbé vers la pointe ; mandibule formant un angle saillant, plus court que la supérieure. *Narines* au milieu du bec , longitudinalement fendues , étroites , percées de part en part. *Pieds* grêles , nus au dessus du genou ; tarse long ; trois doigts devant, entièrement palmés ; le pouce libre , court , ou bien remplacé par un tubercule , articulé très-haut sur le tarse au dessus des autres doigts , et ne touchant point à terre. *Queue* à pennes d'égale longueur ou de forme un peu fourchue. *Ailes* longues, la première rémige à peu près de la longueur de la deuxième.

Remarque. Ce genre qui se laisse à peine sectionner rigoureusement en *Goëlands* et en *Mouettes*, a été divisé récemment par quelques naturalistes en quatre genres distincts, sous les noms de *Larus ; Laroïdes, Xema* et *Gavia*. Nous ne nous permettrons qu'une seule réflexion sur ces coupes : si l'on prétend isoler sous le nom de *Xema* les petites espèces portant en été un capuchon sombre, parce que le plus grand nombre a le bec un peu grêle (quoiqu'il ne se trouve dans le fait pas plus petit proportionellement à leur taille, que celui des *Goëlands*), quelle place assignera-t-on au *Larus ichtyaetus*, grande espèce à capuchon, munie d'un bec de goëland? et ce grand *Larus leucomelas*, à bec énorme de l'Océanie ! ne sera-t-on pas forcé (pour peu qu'on veuille être conséquent), de l'isoler dans une coupe nouvelle ? Plus on voudra multiplier les coupes dans les familles naturelles, plus on sera dans la nécessité d'en faire de nouvelles pour les espèces un peu différentes des contrées exotiques ; nous aurons par ce moyen une série de noms nouveaux à classer, il sera bientôt impossible de définir ces coupes par quelques caractères tranchés ; une méthode toute indigeste de minuties remplacera la série naturelle, définissable par quelques mots : les espèces, s'il en reste plus de deux ou trois par genre, seront constamment ballottées d'une coupe à une autre, et l'on sera surpris de voir s'écrouler avant sa confection complète, un échaffaudage méthodique si peu en harmonie avec la nature.

MOUETTE BURGERMEISTER. — *L. GLAUCUS.*

La livrée d'hiver diffère seulement de celle *d'été* par des stries brunes-cendrées sur la tête et à la nuque : le bec est toujours d'un jaune citron marqué de rouge vermillon ; gosier et langue jaunes.

Ajoutez aux synonymes :

Atlas du Manuel, *pl. lithog.* — Faber. *Prodrom. Island. Orn. p.* 98. — Selb. *Brit. orn. vol.* 2, *p.* 498.— Gould. *Birds of Europ. part.* 17, *adulte et jeune.* — DIE EIS, GROSSE, und BURGERMEISTER MÖVE. Brehm. *Vög. Deuts. p.* 733.

Propagation. Les œufs ressemblent à ceux du *Larus marinus.*

MOUETTE LEUCOPTÈRE (*).

LARUS LEUCOPTERUS (FABER).

D'un tiers moins grande que la précédente :

(*) Quoique M. Gould revendique, pour son compatriote

manteau d'un cendré très-clair ; rémiges termi-
nées par un grand espace blanc ; celles-ci dé-
passent la queue d'un pouce et demi.

Comme cette espèce ressemble exactement à celle du *Larus glaucus* par la coloration du plumage, dans toutes les périodes de la mue, nous pouvons omettre ici ces articles descriptifs qui seraient autant de répétitions ; on observera seulement que le *Larus leucopterus* est beaucoup plus petit, absolument dans le même rapport que *Larus marinus* diffère de *Larus flavipes* par la taille. Ajoutez encore que le bout des ailes dans *Larus glaucus* atteint à peu près l'extrémité de la queue, et que dans *Larus leucopterus* les ailes dépassent

---

Edmonston, la priorité de découverte de cette espèce et qu'il lui donne en conséquence le nom de *Larus islandicus ;* il est constaté que Faber en fit mention dès l'année 1820 , et qu'il en donne une description exacte dans son prodrome des oiseaux d'Islande sous le nom de *Larus leucopterus ,* dénomination adoptée par tous les naturalistes , et sanctionnée depuis dans la Faune boréale de Richardson. Ma correspondance induisit en erreur le capitaine Sabine qui , selon mon opinion , n'en fit pas une espèce distincte dans sa description des oiseaux du Groënland ; peu de temps après cette communication, je vis clairement que mon opinion était erronée, et je fis mention de cette espèce sous le nom de *Larus glaucoïdes.*

la queue de plus d'un pouce ; toutes les teintes bleues et cendrées sont bien plus pâles que chez *Larus glaucus;* à le voir, à une certaine distance, on dirait qu'il est tout blanc. Les pieds sont d'un jaunâtre clair. Longueur totale 20 pouces.

Les jeunes de l'année ont une livrée encore plus claire (gris blafard) que ceux du *Larus glaucus.*

LARUS LEUCOPTERUS. Faber. *Prodrom. Island. Orn.* p. 91. — Richards. *Faun. boreal. Amer. p.* 418, *sp.* 183. — Ch. Bonap. *Syn.* n° 301. — LARUS ARGENTATUS. Sabine. *Hist. of Birds of Groenl. p.* 20.—LARUS GLAUCOIDES. Temm. *Manuel.*—Meyer *Deuts. Vög. Zusätz. p.* 197. — Thienem. *Voy. en Island. p.* 191. — LARUS ARCTICUS. *Transac. Wern. societ. p.* 268, *vol.* 5. — ISLAND GULL. Selb. *Brit. Orn. vol.* 2, *p.* 501.— Gould. *Birds of Europ. part.* 21, *l'adulte.* — MITTLERE WEISSSCHWINGIGE MÖVE. Brehm. *Vög. Deuts. p.* 736. — DIE WEISSSCHWINGIGE , GROSSE , MITTLERE und HOCHKÖPFIGE STOSSMÖVE. Ibid. *p.* 744 *et suivantes.*

Habite. Très-abondant dans toutes les régions arctiques , en Islande , Féroë et Groënland ; les jeunes se montrent de temps en temps sur les côtes d'Angleterre et de Hollande. Cette mouette a la voix et les habitudes différentes de *Larus glaucus.* Les vieux visitent dans les hivers rigoureux les bouches de l'Elbe et nos côtes maritimes.

Nourriture comme la précédente et les suivantes.

Propagation. Niche probablement plus vers l'orient et très-avant dans le nord, puisqu'on ne la voit pas en Islande dans les temps de la reproduction.

MOUETTE A MANTEAU BLEU. — *L. ARGENTATUS*.

Remarque. Supprimez des synonymies : LARUS ARGENTATUS, Sabine, *Hist. of the birds of Groenl. Linn. Transact.*, cité ci-dessus à l'article de *Larus leucopterus*.

Et ajoutez :

Atlas du Manuel, *pl. lithog.* — Selb. *Brit. orn. vol.* 2, *p.* 504. — Gould. *Birds of Europ. part.* 7. — DIE GROSSE, GRAUE, SILBERGRAUE, SILBERBLAUGRAUE, KLEINE und AMERIKANISCHE SILBERMÖVE. Brehm. *Vög. Deuts.* p. 738 *et suivantes.* Toutes espèces formées par M. Brehm, de deux grands envois de *manteaux bleus* que je lui ai adressés ; le plus grand nombre de ces individus a été tué sur nos côtes maritimes, et reconnu n'être que des *Larus argentatus*, mais choisis, à dessein, parmi une multitude d'individus, variant plus ou moins les uns des autres par la taille, les dimensions des parties et les teintes bleues du plumage. C'est bien multiplier les espèces à plaisir ! — MARINO PESCATORE. Savi. *Orn. Tosc. vol.* 3, *p.* 55.

Placez aussi comme synonyme :

LARUS ARGENTATOÏDES, que le prince de Musignano indique comme espèce italienne , différente de notre *Argentatus* du nord ; nos individus rapportés de l'Italie par M. Cantraine , ne diffèrent point de ceux *assez variés*, qu'on trouve sur nos côtes maritimes.

MOUETTE A MANTEAU NOIR. — *L. MARINUS.*

Remarque. On doit distraire de la synonymie donnée, Manuel , vol. 2, p. 763, *Le grand manteau noir* de Buff. *Ois.* et particulièrement la *pl. enl.* 990, qui est une figure exacte du *Goëland à pieds jaunes* de l'article suivant.

Ajoutez ici :

Atlas du Manuel , pl. lithog. — Selb. *Brit. Orn. vol.* 2, *p.* 507. — Gould. *Birds of Europ. part.* 13. — Sabin. *Mém. Birds of Groenl. p.* 17, *sp.* 18. — DIE RIESEN, MULLERSCHE, FABRICIUS und MANTELMÖVE. Brehm. *Vög. Deuts. p.* 728. — MUGNAJACCIO. Savi. *Orn. Tosc. vol.* 3, *p.* 53.

MOUETTE A PIEDS JAUNES. — *L. FLAVIPES.*

Ajoutez aux synonymes :

Atlas du Manuel, pl. lithog. — GOELAND NOIR MANTEAU. Buff. *Ois. tab.* 31 , *surtout pl.* Enl. 990. — Selb. *Brit. Orn. vol.* 2, *p.* 509. — Gould. *Birds of Europ. part.* 14, *adulte.* — DIE GROSSE , KLEINSCHABLIGE und DICKSCHNABLIGE HERINGSMÖVE. Brehm. *Vög. Deuts. p.* 747. — ZEFFERANO MEZZOMORO. Savi. *Orn. Tosc. vol.* 3, *p.* 57.

Habite. Ne visite jamais l'Islande et ne va guère plus avant dans le nord que sur les côtes de Norwége ; très-commune sur la Méditerranée et la mer Rouge. A son passage sur nos côtes elle vole à une grande hauteur ; toujours en grandes bandes composées d'individus adultes.

Propagation. Extrêmément commúne dans le temps de la ponte en Dalmatie et sur les îles de l'Adriatique.

Remarque. On trouve sur les côtes de Barbarie et en Syrie, peut-être aussi en Egypte une Mouette d'un quart moins grande que *Flavipes*, et à bec de beaucoup moins fort relativement à la taille ; mais coloré exactement comme *Larus flavipes*. Les sujets du *Flavipes* reçus du cap de Bonne-Espérance sont un peu plus grands que ceux tués en Europe.

MOUETTE ICHTYAETE.

LARUS ICHTYAETUS (Pall.).

Remarque. La livrée d'hiver et celle du jeune-âge n'étant point connues, nous donnons seulement celle qui suit. — Il est présumable que cette grande espèce, revêtue d'un capuchon foncé pendant les mois d'été, se trouve avoir en hiver la plus grande partie de la tête et tout le cou blancs, tandis que le tour des yeux ou la partie postérieure de cet organe sera alors nuancé de noirâtre, comme c'est le cas chez toutes les espèces encapuchonnées, à la tête desquelles il convient de classer celle-ci.

Plumage d'été ou des noces.

Toute la tête et la moitié du cou d'un noir velouté, ce grand voile noir est plus étendu sur le
devant du cou qu'à sa partie postérieure ; au dessus et en dessous des yeux une tache blanche ;
manteau, couvertures des ailes et pennes secondaires d'un bleu grisâtre ; toutes ces dernières à
bouts blancs ; les rémiges ont vers l'extrémité un
grand espace noir terminé par des pointes blanches ; tout le reste du plumage ainsi que la queue
d'un blanc parfait. Le bec gros, orange jaunâtre,
mais rouge vers la pointe des deux mandibules,
qui portent à une petite distance du bout une
bande perpendiculaire noire. Longueur totale de
24 à 25 pouces ; tarse 2 pouces 6 lignes. *Les deux
sexes.*

LARUS ICHTHYAETUS, Pall. *voy. vol.* 2, *p.* 713. — *Act.
Holm. vol.* 4, *p.* 119. — Gmel. *Reis. vol.* 1 *p.* 152, *tab.*
30 et 31. — Pall. *Zoog. Rosso-Asiat. vol.* 2, *p.* 322,
sp. 382, *tab.* 77.—DIE GROSSE MÖVE. Meyer. *Orn. Tasch.
Deuts. Zustza, p.* 194. — DIE GROSSE MÖVE. Rüpp.
Atlas du Voy. en Afriq. p. 27, *tab.* 17.

Habite les bords de la mer Caspienne et ceux de la
mer Rouge, se montre accidentellement en Hongrie sur
le Danube, et a été tué dans les îles Ioniennes. — J'ai

reçu des individus tués sur le Gange qui ne diffèrent en rien de ceux de l'Europe.

Nourriture. Suivant Pallas , des poissons ; la voix est grave.

Propagation. Niche , selon Pallas , sur le sable du rivage ; pond des œufs oblongs, d'un gris pâle marqué de nombreuses taches brunes, foncées et claires.

MOUETTE SÉNATEUR. — *L. EBURNEUS.*

L'adulte a le cercle nu des yeux et la pointe du bec d'un rouge vif. Tout le plumage d'un blanc rose, qui passe au blanc pur peu de temps après la mort.

Les jeunes sont marbrés et tachetés de brun noirâtre, à peu près de la même manière que le dos du *Pétrel damier*, mais les taches sont plus éloignées les unes des autres ; rémiges marquées vers le bout d'une tache noire ; une bande noire à la queue. Le bec plombé à fine pointe jaunâtre. Ces taches noires existent encore sur quelques sujets adultes, probablement âgés de deux ou de trois ans, mais elles sont alors petites ; chaque rémige et toutes les pennes de la queue en sont pourvues à une petite distance du bout ; tout le plumage est comme tigré de noir sur fond blanc.

Ajoutez aux synonymes :

Atlas du Manuel, *pl. lithog.* — Sabine. *Mem. Birds of Groenl.* p. 22, *sp.* 21. — Selb. *Brit. Orn. vol.* 2, *p.* 497. — Gould. *Birds of Europ. part.* 13, *l'adulte.* — WEISSE MÖVE. Meyer *Zusätz Tasc. Deuts. Vög. p.* 200. — DIE GROSSE und KLEINE ELFENBEINMÖVE. Brehm. *Vög. Deuts. p.* 765.

Habite. On cite de nouveau trois exemples d'individus tués en Angleterre. Sa demeure habituelle pour la reproduction est dans les régions arctiques vers le 70° degré, au cap Parry, la baie des Baffins et le détroit de Davis.

MOUETTE AUDOUIN.

LARUS AUDOUINI (Pyr.).

Les ailes, très-longues, dépassent de beaucoup le bout de la queue ; le plus souvent deux bandes transversales au bec ; pieds noirs. Longueur du tarse 2 pouces.

La tête et la nuque blanches, couvertes de nombreuses stries cendrées ; la poitrine, le cou, le ventre, les flancs, l'abdomen, le croupion et la queue d'un blanc parfait ; les grandes rémiges

sont noires, terminées de blanc et avec une tache
semblable sur les barbes intérieures de la première ; le dos, les scapulaires , les couvertures
des ailes et les rémiges secondaires sont d'un
cendré bleuâtre ; les ailes pliées dépassent de 3
pouces le bout de la queue ; le bec est d'un rouge
de laque portant vers le bout des deux mandibules deux bandes transversales noires ; le cercle nu
dont les yeux sont entourés est aurore ; les pieds,
les doigts et les palmures sont noirs. Tarse 2 pouces ; longueur totale 18 pouces. *Les deux sexes
en plumage d'hiver.*

Les jeunes de l'année ont un plumage généralement lavé de plusieurs teintes cendrées et
brunes; le manteau brun, irrégulièrement maculé
de brun plus clair et de roussâtre, et la queue
plus ou moins maculée de noir et de brun. A leur
seconde mue d'automne, on voit encore quelques
traces grises dont la tête et le cou sont lavés;
mais à leur seconde mue de printemps, le plumage
est parfait.

Plumage d'été ou des noces.

Toute la tête, la nuque et le cou d'un blanc
parfait ; ces parties et la poitrine légèrement nuancées de rose tendre. Le bec d'un beau rouge de

sang, portant toujours d'une manière plus ou moins tranchée deux bandes transversales noires.

Ajoutez aux synonymes :

Mouette Audouin. Payreaudeau *dans les Annales des sciences naturelles.* — Temm. *pl. col. d'Ois., suite au Buff. tab. 480, l'adulte en plumage d'été.* — Gould. *Birds of Europ. part. 22.* — Gabbiano corso. Savi. *Orn. Tosc. vol. 3, p. 74.*

Habite la Méditerranée ; on la voit sur les côtes de la Corse, de la Sardaigne, et plus rarement en Sicile ; commune sur les golfes de Valinco et de Figari, à Porto-Vecchio et à l'entrée des bouches de Bonifacio.

Nourriture. Poissons, molusques et crustacés.

Propagation. Niche sur les rochers des bords de la mer ; pond trois ou quatre œufs, qui varient pour la couleur, du blanc jaunâtre au gris verdâtre, parsemé de taches brunes ; on en trouve d'un blanc pur, bleuâtre ou verdâtre sans taches.

MOUETTE A PIEDS BLEUS. — *L. CANUS.*

Ajoutez aux synonymes :

Atlas du Manuel, pl. lithog. — Selb. *Brit. orn. vol. 2, p. 490.* — Richards. *Fauna Bor. Amer. p. 420.* — Gould. *Birds of Europ. part. 21, adulte et jeune.* — Die pommersche, nordische und hochköpfige Sturmmöve.

Brehm. *Vög. Deuts. p.* 752. — GAVINA. Savi. *Orn. Tosc. vol.* 3 , *p.* 59.

MOUETTE TRIDACTYLE. — *L. TRIDACTYLUS.*

Ajoutez aux synonymes :

Atlas du Manuel , pl. lithog. — Sabine. *Mem. Birds of Groenl. p.* 23 , *sp.* 22. — Faber. *Prodrom. Island. Orn. p.* 90. — Richard. *Fauna Bor. Amer. p.* 422. — Selb. *Brit. Orn. vol.* 2, *p.* 490. — Gould. *Birds of Europ. part.* 14.—DIE GROSSE, GRÖNLANDISCHE und KLEINE DREIZEHIGE MOVE. Brehm. *Vög. Deuts. p.* 755. — GABBIANO TERRAGNOLO. Savi. *Orn. Tosc. vol.* 3, *p.* 70.

Habite. Nulle part plus nombreux qu'en Islande où ils nichent. Les œufs varient extraordinairement , on en trouve d'un verdàtre pâle sans aucune tache.

MOUETTE A BEC GRÊLE.

LARUS TENUIROSTRIS (Mihi).

Remarque. La description de cette espèce nouvelle , tuée en Sicile , repose sur l'examen de deux individus revêtus d'une livrée parfaitement semblable ; l'un d'eux nous a été envoyé par M. Cantraine , qui l'a pris erronément pour la livrée d'hiver de *Larus atricilla.* Comme l'époque de l'année dans laquelle ces sujets ont été tués nous est inconnue, il serait hasardeux de déterminer dans quelle livrée ils se trouvent ; toutefois il est certain qu'ils sont adultes ; s'il était prudent de juger par la seule inspection du plumage, je serais d'opinion que ce sont des sujets dans leur livrée parfaite d'été, vu que leur plumage conserve encore des restes du beau rose dont la livrée blanche d'un grand nombre de Mouettes et d'Hirondelles de mer est teinte dans le vivant et à l'époque de la saison des amours. Voici la description de cette livrée, provisoirement indéterminée :

Bec long et grêle ; les couvertures du dessous des ailes d'une teinte plombée ; une bande noire interne sur la longueur des rémiges. Hauteur du tarse 1 pouce 9 lignes.

Toute la tête, le cou, la poitrine, les parties inférieures et la queue d'un blanc parfait ; la poitrine et le ventre nuancés de rose ; dos et manteau d'un cendré bleuâtre très-clair ; les couvertures du dessous des ailes d'une teinte plombée ; la bande noire longitudinale étendue sur toute la longueur des rémiges, est produite par la teinte noire qui sert de bordure aux barbes intérieures de ces pennes : la première rémige blanche, à barbe extérieure et à fine pointe noire, est bordée intérieurement d'un liséré noir ; les trois suivantes sont toutes blanches, à grand bout noir et large bordure noire interne ; la cinquième et la sixième sont cendrées, à bout et large bordure interne noirs. Les pieds sont d'un rouge orange ;

le bec est brun, à bout noirâtre. Ailes et queue égales. Longueur 16 pouces 6 lignes.

Habite. **M.** Cantraine n'a vu cette Mouette que deux fois pendant son séjour en Sicile. L'individu qu'il a rapporté a été tué à Messine ; le second est aussi originaire de Sicile. J'ai lieu de croire que cette espèce nouvelle a toujours été confondue avec ses congénères et qu'elle est plus commune sur la Méditerranée qu'on ne le présume.

Nourriture et *propagation*, inconnues.

MOUETTE A CAPUCHON NOIR. — *L. MELANOCE-PHALUS.*

Nous avons reçu de la Méditerranée et de l'Adriatique plusieurs individus de cette Mouette envoyés par **M.** Cantraine, plus un sujet des îles Ioniennes ; nous y avons trouvé cette seule différence que, le plus grand nombre de ceux tués à Livourne ont le bout des premières rémiges noir, avec une grande tache blanche à l'extrémité. Une partie de ceux de l'Adriatique ne porte aucune trace de noir, et tout le bout des rémiges est d'un blanc parfait ; quelques uns ont la barbe extérieure de la première rémige noire, soit totalement, soit en partie seulement. Celui des îles Ioniennes est un jeune, revêtu de sa première livrée d'hiver ;

il porte encore à la tête les indices de cet état,
mais toutes les rémiges sont cendrées, terminées
de noir, à bout extrême blanc, et leur bord extérieur est aussi plus ou moins noir.

Je conclus de ces comparaisons, faites sur des
individus en plumage d'été et d'hiver, que les sujets à rémiges parfaitement blanches sont à l'état
parfait, et que ceux à bout noir et à pointe blanche, ou à liséré noir et à bout blanc, n'ont pas
encore accompli les changemens que ces rémiges
éprouvent dans les différentes mues ; bien que
du reste les individus soient adultes.

Le cercle nu des yeux est dentelé et d'un rouge
de minium ; iris couleur noisette foncé; une très-
petite tache blanche au dessus et en dessous
des yeux. Bec et pieds d'un rouge de sang très-
vif; entre la pointe et l'angle du bec une bande
noire.

Les jeunes de l'année. Tout le plumage des
parties supérieures d'un brun lavé de cendré
bleuâtre; les plumes brunes sont lisérées d'un
large bord blanchâtre; la tête, le cou et la poitrine ondés de gris et de blanc; toutes les autres
parties inférieures d'un blanc pur; les rémiges
totalement noires, sans pointe blanche; la queue

blanche, terminée vers le bout par une large bande
noirâtre et la pointe extrême blanche. Bec livide
à la base, noir à la pointe; pieds d'un brun rougeâtre livide. Un semblable individu a été tué sur
le Rhin près Mayence.

Placez comme synonymes de cette espèce, décrite dans toutes ses livrées :

Manuel, vol. 2, p. 777 et Atl. du Manuel, pl. lithog. —
GABIANO CORALLINO et MORETTA. *Stor. degl' Ucc. tab.* 526
et 528, *en livrée parfaite d'hiver, et* 527, *en livrée d'été.
Individus adultes, à pointe des rémiges blanche.* — DIE
SCHWARZKÖPFIGE SCHWALBEN MÖVE. Meyer. *Zusatz. Orn.
Tasc. deut. p.* 201. — Brehm. *Vög. Deuts. p.* 757. —
GABBIANO CORALLINO. Savi. *Orn. Tosc. vol.* 3, *p.* 65,
*livrée parfaite et, dans une note, l'indication de celle a
bout des rémiges noir, muni d'une tache blanche.* —
Gould. *Birds of Europ. part.* 10, *plumage parfait d'été.*

Voici ce que me marque M. Cantraine sur cette
espèce. La mue s'opère depuis le 20 février jusqu'au 15 mars; elle est commune dans le port de
Livourne en février; très-abondante sur l'A-
driatique, mais n'y niche pas. *Elle se nourrit* de
poissons, de mollusques et de tout ce que les marins jettent à la mer.

Habite. Paraît s'égarer quelquefois vers le centre et

lè nord de l'Europe ; M. Bruch , de Mayence, a eu la
complaisance de m'envoyer un jeune individu de l'année,
tué par lui sur le Rhin , près de ladite ville. M. Bruch
présumait que ce pouvait être un jeune de quelque espèce indéterminée; mais ayant obtenu une jeune *Mouette
mélanocéphale* de l'Adriatique , il m'a été facile de déterminer à quelle espèce appartient cet individu isolé
tué sur le Rhin. M. de Verneuil a la complaisance de me
faire part, qu'un individu à capuchon noir a été tué dans
le golfe de Lyon. C'est une espèce très-commune en
Grèce.

MOUETTE A CAPUCHON PLOMBÉ. — *L. ATRICILLA.*

La livrée d'hiver qui n'a pas encore été indiquée est comme suit :

Face, sommet de la tête, gorge et toutes les
autres parties inférieures, ainsi que la queue, d'un
blanc pur ; en avant des yeux. un demi-cercle
d'un bleu noirâtre, cette teinte mêlée de cendré
couvre aussi l'occiput, la partie supérieure de la
nuque et la région de l'ouïe; flancs légèrement
teintés de cendré pur; dos et manteau cendré
bleuâtre très-foncé ; les pennes secondaires terminées par un grand espace blanc; rémiges noires,
terminées par une pointe blanche. Longueur to-

tale de 14 à 15 pouces *. *Un sujet revêtu de la première livrée d'hiver de l'état adulte.*

Les vieux, soit en été soit en hiver, n'ont plus aucun indice de taches blanches au bout des rémiges ; celles-ci sont d'un noir parfait à base couleur ardoise.

La livrée du premier âge ne m'est pas connue.

Ajoutez aux synonymes :

Atlas du Manuel, pl. lithog. —Gould. *Birds of Europ. part.* 22, *un vieux en plumage parfait d'été.* — BLEIGRAUKÖPFIGE MEVE. Meyer. *Zusatz, orn. taschenb. p.* 202. Mais point l'espèce du même nom dans Brehm, qu'il désigne sous celui de *Xema caniceps,* p. 758. Nous ne savons pas à quelle espèce elle doit être rapportée, ni si elle forme réellement une espèce , qui pour lors serait encore à classer ici.

---

* Dans le Manuel, p. 779, la longueur est indiquée d'à peu près quatorze pouces ; j'ai vu des individus de plus de quinze pouces. Nonobstant les remarques qui ont été faites par Meyer et quelques autres naturalistes sur ce que la Mouette du présent article ne serait pas *Larus atricilla* de Catesby et de Brisson, je puis assurer positivement que c'est la même Mouette ; car la couleur des pieds paraît, en effet , noirâtre sur lessujets en peaux séchées.

Habite. Quatre individus ont été vus en Angleterre;
on en tua un près de Winchelsea.

MOUETTE RIEUSE. — *L. RIDIBUNDUS.*

Ajoutez aux synonymes :

Atlas du Manuel, *pl. lithog.* — Selby. *Brit. Orn. vol.*
2, *p.* 486. — Gould. *Birds of Europ. part.* 11, *plumage*
d'été et le jeune. — DIE LACH, HUT, und KAPUZINER,
SCHWALBEN MÖVE. Brehm. *Vög. Deuts. p.* 760. — GAB-
BIANO COMUNE. Savi. *Orn. Tosc. vol.* 3, *p.* 62.

MOUETTE A MASQUE BRUN. — *L. CAPISTRATUS.*

Remarque. On ne doit pas considérer cette espèce distincte comme étant celle de Brehm sous le nom *Xema*
capistratum, vu que la *Kapuzinermöve* de cet auteur est
un *Larus ridibundus* des mieux caractérisés. Cette jolie
espèce, facile à distinguer du *Ridibundus*, par sa petite
taille, par le peu d'étendue de son demi-capuchon brun-
clair, et par son bec fluet et grêle, n'a pas encore un *ha-*
bitat déterminé. M. de Selys-Lonchamps me marque
qu'il a vu un sujet en Italie dans le cabinet du marquis
Durazzo, qui avait été tué dans la Ligurie.

Ajoutez aux synonymes :

Atlas du Manuel, *pl. lithog.* — GABBIANO MAZZANO.
Savi. *Orn. Tosc. vol.* 3, *p.* 72.

MOUETTE A IRIS BLANC.

LARUS LEUCOPHTHALMUS (LICHT.).

Tête et haut du cou d'un brun cendré, bas de
la nuque, poitrine, flancs et dessus des ailes
d'une teinte plus foncée; manteau, scapulaires,
dos et ailes couleur ardoise; le bout des pennes
secondaires des ailes terminé par un grand espace
blanc; rémiges noires, terminées de blanc qui est
à peine visible sur les trois premières ou les plus
grandes pennes; milieu du ventre, abdomen,
côtés du croupion et queue d'un blanc pur; bec
jaune-rougeâtre à pointe noire; pieds jaunâtre
terne. Longueur totale à peu près 16 pouces;
tarse à peu près 2 pouces; narines plus rapprochées de la pointe que de la base du bec; iris
blanc. *Les jeunes dans le premier plumage
d'hiver.*

Plumage d'été ou des noces.

Toute la tête, une partie de la nuque, toute la
gorge et partie du devant du cou d'un noir plein,
hormis deux petites taches blanches l'une au
dessus et l'autre en dessous des yeux; un demi-
collier d'un blanc pur couvre la nuque et s'avance
en pointe sur les côtés du cou; un cendré bleuâ-

tre clair se dessine plus bas en collerette, et forme la teinte des côtés de la poitrine et des flancs ; un bleu noirâtre ou couleur ardoise colore les plumes du manteau, du dos et des couvertures alaires ; toutes les pennes secondaires ont une teinte cendrée bleuâtre, mais leurs barbes extérieures sont noires et leurs pointes d'un blanc pur ; le bec est rouge de corail à pointe noire ; les pieds sont d'un jaune orange. Voyez Mouette a iris blanc. Temm., *pl. color. d'ois. vol.* 5, *pl.* 366.

Les jeunes de l'année ont tout le plumage des parties supérieures, les flancs et la plus grande partie de la queue d'un gris brun terne ou couleur de terre ; les rémiges d'un brun foncé, seulement l'extrême pointe des secondaires blanche ; la gorge, le devant du cou, la poitrine et le milieu du ventre d'un blanc pur. Les pieds d'un brun plombé ou verdâtre, et le bec noir.

Habite. Ainsi que je l'avais soupçonné, accidentellement la Méditerranée ; vit en grand nombre sur les côtes de la Grèce et visite régulièrement les parages du Bosphore.

Nourriture et *propagation*, inconnues.

MOUETTE DE SABINE.

LARUS SABINEI. (Leach).

*Queue fourchue, dépassée d'un pouce par l'ex-
tremité des ailes ; ongle du pouce très-court ;
longueur du tarse 1 pouce 3 lignes.*

Remarque. La livrée d'hiver n'étant pas connue, nous
décrivons le

Plumage d'été ou des noces.

Toute la tête et la partie supérieure du cou
d'une teinte plombée très-foncée ; ce masque est
terminé par un collier noir ; manteau d'un bleu
cendré foncé ; bord de l'aile et extrémité des
pennes secondaires d'un blanc pur ; rémiges
noires terminées par de grands bouts blancs ; la
queue fortement fourchue, celle-ci , le bas du
cou et les parties inférieures d'un blanc pur ;
bec noir à pointe jaunâtre ; iris et pieds noirs ;
cercle nu des yeux et intérieur du bec rouge vif.
Longueur, 13 pouces 2 ou 3 lignes. *Les deux
sexes.*

Les jeunes de l'année ont la tête tachetée de

gris noirâtre et de blanc ; dos, scapulaires et couvertures des ailes d'un gris noirâtre nuancé de brun jaunâtre ; cou et poitrine d'un cendré pâle; le ventre et les couvertures supérieures et inférieures de la queue blancs; queue moins fourche que dans l'adulte, blanche à bout des pennes noir ; rémiges blanches, arquées à la base de noir, sans pointe extrême blanche.

LARUS SABINII. Leach. *Ross. Voy. App. pl. 7.*—Yarrell. *Linn. Transact. vol.* 12.—Sabine. *Catal. Birds of Groenl.* p. 551, *n°* 23. — Richards. *Faun. boréal. Amer. p.* 428, *n°* 193.—SABINES GULL. Gould. *Birds of Europ. part.* 21, *l'adulte en été.*

Habite les régions du cercle Arctique, mais visite accidentellement les côtes septentrionales de l'Europe ; a été tuée deux fois en Angleterre, et dernièrement près de Rouen ; un jeune sur les côtes de Hollande et un autre sur le Rhin. Commun au Groënland et à l'île Melville.

Nourriture. Insectes marins qu'il saisit sur les alluvions.

Propagation. Niche, en compagnie de l'Hirondelle de mer Arctique, sur les côtes du Groënland. Pond deux ou trois œufs de teinte olivâtre, marqués de nombreuses taches brunes.

MOUETTE PYGMÉE. — *L. MINUTUS*.

Ajoutez aux synonymes :

Atlas du Manuel, *pl. lithog.* — Selb. *Brit. orn. vol.* 2, *p.* 484. — Gould. *Birds of Europ. part.* 11 , *plumage d'hiver et jeune.* — KLEINE MEVE. Meyer. *Zusatz. Orn. tasc. p.* 205. — ZWERGSCHWALBEN MÖVE. Brehm. *Vög. Deuts. p.* 763. — GABBIANELLO. Savi. *Orn. Tosc. vol.* 3, *p.* 68.

Habite. Se trouve dans toutes les saisons sur la Méditerranée et sur l'Adriatique , mais le plus souvent en petit nombre. M. Cantraine en a tué en hiver à Cagliari ; en mai, dans le détroit de Bonifacio ; à la fin de juin , dans le port de Zara. M. Savi en a vu en 1816 des bandes très-nombreuses ; en 1828 , également , une grande quantité , tandis que dans d'autres années il n'en vit que deux ou trois individus. L'espèce se montre aussi au Groënland ; quelquefois aux embouchures de nos rivières ; mais toujours dans la livrée du jeune âge.

Propagation toujours inconnue.

GENRE QUATRE-VINGT-TROISIÈME.

STERCORAIRE. — *LESTRIS*.

Caractères. Voyez *Manuel*, vol. 2, page 790, et ajoutez : Que la différence de couleur du ventre et des autres parties inférieures paraît être en rapport avec la différence sexuelle; du moins, M. Graba dans son excellent ouvrage sur Féroë, assure-t-il, que de quinze individus de son *Lestris parasitica* * tués sur les nids, huit à ventre blanc ont été constatés mâles , et six à ventre brun, des femelles ; les individus accouplés, placés près de leurs nids, se trouvaient le plus souvent l'un à ventre blanc et l'autre à ventre brun ; cette observation, faite sur les lieux par un naturaliste distingué, semble concluante et pourrait être généralisée comme étant la même pour les deux autres espèces dont la livrée est à peu près la même. Je puis ajouter comme preuve de l'exactitude de la remarque de M. Graba , que sur plusieurs individus reçus par nous de Féroë et de l'Amérique du Nord, il s'en trouve quelques uns dont le sexe a été constaté, et que ceux à ventre

-----

* Voyez notre *Lestris Richardsonii*.

blanc sont tous étiquetés comme mâles. Nous ne saurions assurer s'il en est de même pour *Lestris pomarina*, n'ayant pas reçu des individus dont le sexe ait été déterminé.

Les Stercoraires sont de vrais oiseaux de rapine et de proie dans la classe des palmipèdes ; ils sont redoutés de tous les paisibles habitans des plages maritimes, et ne souffrent aucune espèce de grâle ou de palmipède dans le voisinage des districts qu'ils choisissent pour leur ponte ; les mammifères, même l'homme, sont exposés à leurs attaques ; de façon que, selon M. Graba , les habitans des Féroë se munissent de couteaux qu'ils tiennent sur leur bonnet, la pointe en l'air, pour ne pas être blessés par les assauts impétueux que leur livrent les *Lestris cataractes*, dont ils viennent prendre les œufs.

La mue de ces oiseaux paraît avoir lieu deux fois ; les couleurs et la distribution des raies et des bandes varient pendant un assez grand nombre d'années, jusqu'à ce que l'oiseau ait revêtu ses deux livrées stables ; les deux longs filets tomberaient en hiver.

Remarque. Peu de temps après la publication de la deuxième édition du Manuel qui parut en 1820 ; nous

vîmes l'erreur commise à l'article de *Lestris parasitica*,
où deux espèces distinctes se trouvent confondues dans
les articles de la Synonymie. Guidé par les observations
de M. Boié, nous laissâmes le nom de *Parasitica* au petit
stercoraire à filets courts, en proposant pour le stercoraire à long filets (le *Labbe à longue queue* de Buffon),
le nom de *Buffonii*; mais depuis que les auteurs anglais,
induits en erreur par notre article mentionné, ont *cru
découvrir* une nouvelle espèce dans notre *Parasitiça*,
qu'ils désignèrent sous le nom de *Richardsonii*, il a bien
fallu adopter leur méprise, sanctionnée par divers naturalistes et adoptée dans plusieurs collections. Après
donc nous être assuré que le *Lestris Richardsonii* est effectivement la même espèce que notre *Lestris parasitiça*
à filets courts, comme il est aussi celui de Boié et de
Graba, nous adoptons ici le premier de ces noms pour
ce stercoraire à filets courts, laissant à celui à longs
filets ou le *Labbe à longue queue* de Buffon, *pl. enl.* 762,
le nom de *Lestris parasitica*; car, selon notre opinion, les
noms et la priorité des découvertes * ne sont point

---

* Rien ne nous paraît plus ridicule que cette prétention
à la priorité de publication, surtout depuis que les novateurs en systèmes artificiels semblent prendre plaisir à former des coupes nombreuses avec un luxe vraiment déses-
pérant ; devant eux toute priorité doit nécessairement dis-
paraître. Le voyageur qui a dédié une espèce nouvelle à son
bienfaiteur, le naturaliste qui a consacré un objet nouveau
à un savant célèbre, à la mémoire d'un ami, s'ils n'ont pas eu
à leur portée les moyens de classer leur espèce nouvelle

d'une importance majeure ; le tout est de s'entendre et de se faire comprendre lorsqu'on cite une espèce ; à cette fin un nom sanctionné par l'habitude et qui ne prête pas à induire en erreur est de beaucoup préférable à celui qui n'a d'autre titre que sa date.

STERCORAIRE CATARACTE. — *L. CATARACTES.*

Nous corrigeons ici, d'après les observations de M. Graba, ce qu'il y avait de fautif dans nos indications du Manuel, page 792. Les filets du milieu de la queue ne sont pas de 3 à 6 pouces plus longs , mais seulement de 1 à 2 pouces au maximum.

---

sous un nom de genre convenable, ou plutôt précisément là, où le méthodiste qui ne rêve que coupes nombreuses, a conçu son système (car aujourd'hui chacun en fait), leurs découvertes perdent le nom d'auteur, pour être revêtues de celui de l'inventeur du nom grammatical ou barbare donné au génre nouveau. Toutes les espèces, quèlle que puisse être la date de leur inscription dans nos Catalogues de nomenclature, sont incontinent rangées sous cette nouvelle bannière, et vont emprunter, pour un temps, le nom de ce méthodiste qui, à son tour, ne jouit de cet honneur éphémère qu'aussi long-temps qu'un autre se présente avec une plus grande masse de dénominations , basées sur une manière de voir différente, ou bien avec l'assemblage indigeste d'un plus grand nombre de minuties.

Les jeunes ont le plumage absolument semblable à celui des vieux; car on voit souvent les vieux des deux sexes porter quelques plumes blanches à la tête, à la nuque et sur quelques unes des parties inférieures. Dans la seconde année ils se trouvent à l'état adulte.

Ajoutez aux synonymes :

Atlas du Manuel, *pl. lithog.* — CATARACTES SKÚA. Pall. *Zoog. Rosso. Asiatic. v.* 2, *p.* 309.— Faber. *Prodrom. Island. Orn. p.* 102.— Graba. *Reise nach. Färö*, *p.* 186. — COMMON SKUA. Selb. *Brit. orn. vol.* 2, *p.* 515. — Gould. *Birds of Europ. part.* 3. — DIE RIESEN und GROSSE RAUBMÖVE. Brehm. *Vög. Deutschl. p.* 715.

Habite. Très-commun en Islande et aux îles Féroë, où ils nichent en grand nombre.

STERCORAIRE POMARIN. — *L. POMARINA.*

Taille et volume du bec d'une Mouette de grandeur moyenne. Les deux longs filets larges et arrondis au bout, plus ou moins contournés sur eux-mêmes dans le vol; des rugosités pointues à la partie postérieure du tarse, qui est long de 1 pouce 11 lignes.

On trouve dans cette espèce des variétés de

plumage plus ou moins remarquables, mais on ne sait pas encore positivement si elles sont dues à la différence sexuelle, à l'état de mue doublée ou bien aux différentes périodes de l'âge des individus. *Les jeunes de l'année* sont décrits dans le Manuel, page 795, et telle est leur livrée constante; mais celle des vieux varie considérablement. Dans le très-grand nombre que nous avons vus, et dont plusieurs nous ont été communiqués par les soins obligeans de M. Hardy de Dieppe *, nous avons pu énumérer, outre les livrées décrites, encore quatre variétés indépendamment des états intermédiaires de ces livrées.

Var. A. Poitrine, ventre, flancs et abdomen rayés transversalement de bandes irrégulières brunes, sur un fond blanc; le blanc jaunâtre du devant du cou marqué de petites stries longitudinales et brunes; l'*adulte.*

Var. B. Sur la poitrine un large ceinturon, composé de plumes rayées de bandes brunes et d'un

---

* Les notes de M. Hardy sur les *Stercoraires* sont du plus grand intérêt, mais leur tai l ne permet pas que je puisse m'en servir ici autrement que sous la forme des indications succinctes fournies dans ces articles.

blanc jaunâtre; le cou et le ventre d'un blanc parfait; l'*adulte*. Tous les sujets rayés ont ordinairement les filets plus courts que ceux colorés par grandes masses.

Var. C. Point de taches au cou, cette partie, toute la poitrine, les flancs et le ventre d'un blanc pur sans aucune tache ni bande; les cuisses et l'abdomen brun cendré. Les filets dépassent les autres pennes d'environ 4 pouces; *l'adulte, variété assez rare.*

Var. D. Tout le ventre, les flancs et l'abdomen d'un brun uniforme, et de la même teinte que le manteau; les plumes de la nuque d'un brun jaunâtre lustré, quelquefois tachetées de brun plus foncé; *l'adulte.*

Il serait possible, même probable, du moins suivant l'analogie avec quelques autres espèces, que les individus à ventre blanc fussent les *mâles*, et ceux à ventre brun les *femelles*.

Quelques naturalistes sont portés pour l'opinion inverse, et prétendent que les individus à ventre blanc sont des femelles. M. Hardy, de Dieppe, qui reçoit annuellement de Terre-Neuve un grand nombre de *Lestris*, dit que la mue est double, et que le plus ou le moins de blanc au ventre dépend de l'âge.

Ajoutez aux synonymes :

Atlas du Manuel, *pl. lithog.* — POMARINE SKUA. Selb. *Brit. Orn. vol.* 2, *p.* 517. — Gould. *Birds of Europ. part.* 2, *mâle adulte et jeune.* — Richards. *Faun. Boreal. Amer. p.* 429. — Faber. *Prodrom. Island. Orn. p.* 104. — KEGELSCHWANZIGE RAUBMÖVE. Brehm. *Vög. Deut. p.* 718. — GABBIANO NERO. Savi. *Orn. Tosc. vol.* 3, *p.* 48.

Habite. Très-commun sur les bancs de Terre-Neuve où il est de passage ; rare en Islande et à Féroë. Les jeunes paraissent sur nos côtes dans les ouragans, quelques rades de la France en sont alors couvertes ; on les trouve aussi sur nos côtes maritimes, mais on y voit bien rarement des sujets à l'état adulte. Niche probablement en Amérique.

Remarque. Comme notre article du *Stercoraire parasite* ou *labbe* du Manuel, p. 796 renferme, ainsi qu'il vient d'être dit, les synonymes de deux espèces distinctes (le *Stercoraire d filets subulés courts* et le *Stercoraire à longs filets*), il est nécessaire de refaire en totalité toutes les indications sur ces deux espèces.

STERCORAIRE RICHARDSON.

LESTRIS RICHARDSONII (Swain.).

Taille et volume du bec d'une petite Mouette; longueur du tarse 1 pouce 6 lignes ; les filets de moyenne longueur, larges à leur base, subitement pointus vers le bout, n'excédant jamais les pennes latérales de plus de 3 pouces.

Sur le sommet de la tête une calotte brune absolument de la même teinte que la couleur du manteau, du dos, des ailes, de la queue et de l'abdomen, qui sont d'un brun couleur de suie; nuque et côtés du cou d'un jaune ocre plus ou moins vif. Toutes les parties inférieures, depuis le menton jusqu'à l'abdomen d'un blanc pur; les flancs d'un brun clair; la base des rémiges et leurs baguettes blanches. Base du bec bleuâtre, à pointe noire; iris brun; pieds d'un noir parfait. Longueur, sans les filets, 15 à 16 pouces; longueur des filets de 2 à 3 pouces au maximum. *Le mâle adulte.*

La femelle adulte est brune sur toutes les parties qui sont blanches dans *le mâle* ; les plumes de la nuque et des côtés du cou sont d'un brun ocre. La teinte brune des parties inférieures est un peu plus claire que celle des parties supérieures.

Le mâle semi-adulte a le menton et le devant du cou d'un cendré clair ; les côtés de la poitrine d'un brun cendré ; le milieu de la poitrine et le ventre blancs plus ou moins irrégulièrement marqués de bandes transversales brunes.

La femelle semi-adulte a tout le devant du cou d'un brun cendré ; la poitrine et le ventre de cette teinte, mais plus ou moins irrégulièrement marqués de bandes d'un blanc jaunâtre terne.

CATARACTA PARASITICA. Retz. *Faun. suec. p.* 160, *n°* 122. — LESTRIS PARASITICA. Faber. *Prodrom. Island. Orn. p.* 106, *sp.* 3. — Sabine. *Mém. Birds of Greenl. sp.* 24. — SPETSSTJERTAD LABB. Nills. *Scand. Fauna. tab.* 113. — Boié. *Vog. Norwége.* — Graba. *Reis. Nach. Färö. p.* 189.—LE STERCORAIRE. Briss. *Orn. vol.* 6, *p.* 150, *n°* 1. — LE LABBE OU LE STERCORAIRE. Buff. *Ois. vol.* 8, *p.* 441, *tab.* 34, *mais surtout sa pl. Enl.* 991, *et mieux encore* Edw. *tab.* 149. — ARCTIC SKUE. Selb. *Brit. Orn. vol.* 2, *p.* 520.—RICHARDSON'S JAGER. Swains. — Richards. *Faun. Boreal Amer. p.* 433 , *tab.* 73 , *la femelle.* — Gould. *Birds of Europ. part.* 4 , *les deux livrées de l'adulte.* — DIE POLMEVE. Lepechin. *Reis. vol.* 3, *p.* 224, *tab.* 11.—BOYES, SCHLEEP'S, SCHMAROTZER, BE-

NICKS und FELSENRAUBMÖVE. Brehm. *Naturg. Vög. Deuts.*
p. 722. — Meyer. *Taschenb. Vög. Deuts. p.* 214. —
DIE KLEINSCHNABLIGE RAUBMÖVE de Brehm. *Vög. Deuts.*
p. 725, *est un individu à bec un peu plus grêle.*—STRUNT-
MEVE Bechst. *Tasschenb. Deuts. vol.* 2, *p.* 375.

Les jeunes de l'année. Voyez description et
synonymie, *Manuel*, vol. 2, page 798 et 799.

Ajoutez à *habite :*

Commun en été en Islande, à Féroë et aux Orcades ;
se trouve aussi dans l'Amérique du nord sous les régions
du cercle Arctique.

STERCORAIRE PARASITE.

LESTRIS PARASITICA (GMEL.).

*Taille et volume du bec d'une petite Mouette ;
longueur du tarse* 1 *pouce* 4 *lignes ; les filets
très-longs, moins larges que les pennes caudales,
subulés en filets qui dépassent la queue de* 6 à
8 *et jusqu'à* 10 *pouces.*

Sur le sommet de la tête une calotte noire qui
n'entoure pas le bord inférieur des yeux, mais
s'étend sur l'occiput ; nuque, côtés du cou et
joues d'un jaune paille plus ou moins vif; partie

postérieure du bas du cou, manteau, dos et
ailes couleur de plomb ; flancs et abdomen d'une
nuançe plus claire ; base de la queue et des filets
de cette couleur, mais leurs pointes noires ; pennes secondaires noires à leur bout, mais seulement sur les barbes extérieures ; rémiges noires ;
devant du cou et poitrine d'un blanc jaunâtre ;
ventre d'un blanc pur ; bec et pieds noirs. Longueur totale, sans les filets, 14 pouces ; longueur
des filets, de 6 à 8 pouces. *Les adultes des deux
sexes.*

LARUS PARASITICUS. Gmel. *Syst.* 1, *p.* 601, *sp.* 10. —
Lath. *Ind. Orn. vol.* 2, *p.* 819, *sp.* 15. — Meisner. *Mu-
seum Naturg. helo. n° 3, avec une table.*—STERCORARIUS
CEPHUS. J. Ross. *Endeck. Reis. Uber. p.* 141.—LESTRIS
BUFFONII. Boie *in Reis.*—Bonap. *Synn.* 306.—CATARAC-
TES PARASITICA. Pall. *Zoog. Ross. Asiat. p.* 310. —
STERCORARIUS LONGICAUDATUS. Briss. *Orn. vol.* 6, *p.* 155.
— LE LABBE A LONGUE QUEUE. Buff. *Ois. vol.* 8, *p.* 445,
mais surtout pl. Enl. 762. —ARCTIC BIRD. Edw. *Glean.
tab.* 148, *vieux mâle.* — ARCTIC GILL. Lath. *Syn. vol.* 6,
p. 389, *tab.* 99. — Richards. *Faun. Borea. Amer. p.* 430.
—PARASITIC GULL. Gould. *Birds of Europ. part.* 4,
vieux mâle.—BUFFON'S RAUBMÖVE. Meyer *Orn. Taschenb.
Deuts. Zusätze. p.* 212.

On ne voit aucune différence marquée dans les
sexes : les différences individuelles soit pour la

forme plus ou moins grêle du bec, soit pour la coloration du plumage n'existent point dans cette espèce comme dans le *Pomarin* et le *Richardson*. Toutefois on trouve un assez grand nombre d'individus dont tout le ventre, et souvent une partie de la poitrine, portent des teintes plombées : il se pourrait que ce fussent les femelles? M. Hardy, de Dieppe, nous marque qu'au printemps le cendré des parties inférieures règne jusqu'au cou, et que plus on avance vers l'été, plus le blanc qui le remplace domine, jusqu'à ce qu'il ait atteint l'abdomen.

Les jeunes de l'année sont d'un brun noirâtre, chaque plume du dos étant bordée de jaunâtre plus ou moins teint de brun ; ventre rayé de blanc terne sur fond brun ; couvertures du dessous de la queue rayées de bandes brunes et de couleur d'ocre ; ailes et queue d'un brun noirâtre sans taches ; base du bec couleur d'ocre ; tarse, doigt postérieur avec son ongle, et la base des membranes d'un jaunâtre terne ; les pennes de la queue arrondies, sans filets proéminens.

Habite. Les régions arctiques des deux mondes, mais plus abondant dans celles d'Amérique ; très-abondant au Groënland, sur les bancs de Terre-Neuve, et au Spitzberg, où ils nichent. Plus rare dans nos régions arctiques vers lesquelles il paraît émigrer ; on le voit sur les côtes de Norwége, rarement en Islande ; il n'a pas encore été observé sur les côtes maritimes d'Angleterre et de Hollande , où le *Pomarin* et le *Richardson* se montrent de temps en temps.

Nourriture. Probablement comme les précédentes.

Propagation, inconnue.

GENRE QUATRE-VINGT-QUATRIÈME.

PÉTREL. — *PROCELLARIA.*

Caractères. Voyez *Manuel*, vol. 2, page 800, et ajoutez que leur Bec est gros, très-crochu et renflé subitement vers le bout; mandibule inférieure subitement fléchie, souvent un peu tronquée, formant en dessous un angle. Narines réunies en un seul tube ou fourreau commun placé à la surface du bec. Queue arrondie ou conique.

Ils sont plus diurnes que les *Puffins.* Leur nourriture se compose de la chair pourrie des cadavres de morses, de baleines et de chiens marins, ainsi que de mollusques et de vers marins.

Remarque. Au lieu de former trois sections dans le genre *Procellaria* , nous suivons les vues des naturalistes modernes, qui en font trois genres distincts, sous les noms de *Procellaria*, *Puffinus* et *Thalassidroma*; dans le fait la classification en est la même. Que ce soit section ou genre, les rapports, les différences et les anomalies des espèces restent toujours les mêmes et il sera toujours difficile de ranger celles-ci, vu les anomalies nombreuses qu'offrent la forme du bec et celle plus ou moins bitubulaire des narines.

PÉTREL FULMAR. — *P. GLACIALIS.*

Ajoutez aux synonymes :

Atlas du Manuel, pl. lith.—Selb. *Brit. Orn. vol.* 2, *p.* 525. — Gould. *Birds of Europ. part.* 4, *l'adulte.* — DER EIS und WINTERSTURMVOGEL. Brehm. *Vög. Deuts. p.* 799.

Remarque. Nous avons reçu des côtes du Chili un Pérél qui ressemble exactement au *Fulmar*; le cendré de son plumage est seulement plus argentin, et le bec, dans le vivant, paraît être différemment coloré; sa forme est aussi différente.

GENRE QUATRE-VINGT-CINQUIÈME.

PUFFIN. — *PUFFINUS* (Rai.).

Caractères. Voyez *Manuel*, vol. 2, page 804, à l'article *deuxième section.* — *Pétrel Puffin.*

Les remarques que nous avons faites dans le Manuel, aux articles *Pétrel et Puffin*, v. 2, p. 800 et 804, n'ont pas besoin d'autre commentaire relativement à la difficulté du classement des espèces dans ces groupes; que ceux-ci portent soit le nom de section soit celui de genre, il sera toujours difficile de ranger les espèces un peu abnormes, dans l'une ou dans l'autre de ces divisions.

PUFFIN CENDRÉ. — *P. CINEREUS.*

Remarque. On a eu tort de confondre avec cette espèce des contrées méridionales, celle trouvée dans les parages arctiques, qui s'égare quelquefois sur nos mers et le long de nos côtes septentrionales, mais que je ne connaissais pas lors de la publication de la deuxième édition du Manuel; elle se trouve décrite à l'article suivant.

Ajoutez aux synonymes :

Atlas du Manuel, pl. lithog. — PROCELLARIA CINE-

REA. Ranzani. — Kuhl. *Zoolog. Beit. p.* 148, *sp.* 25. et
PROCELLARIA PUFFINUS. *Ibid. p.* 146 , *sp.* 22. — BERTA
MAGGIORE. *Stor. degli Ucc. tab.* 536. — Savi. *Orn. Tosc.
vol.* 2, *p.* 38. — Gould. *Birds of Europ. part.* 23, *l'adulte.*

Habite. Très-commun sur toutes les îles de la Méditerranée et de l'Adriatique, surtout en Corse , près des
bouches de Bonifacio. Voici ce que marque M. Cantraine : par le calme on les voit nager de jour par troupes
plus ou moins nombreuses à quelque distance des côtes ;
lorsque la mer devient orageuse, ils effleurent les vagues
d'un vol rapide ; je suis à peu près certain qu'ils plongent puisque les pêcheurs en prennent à l'hameçon.

Nourriture. Poissons, vers et voieries marines.

Propagation. Niche dans les trous et les crevasses des
rochers de Corse ; pond un œuf très-gros , plus ou moins
arrondi et d'un blanc pur.

PUFFIN MAJEUR OU ARCTIQUE.

PUFFINUS MAJOR (FABER).

*Bec pas plus long que la tête, comprimé dans
toute son étendue ; narines distantes et formant
deux tubes séparés ; tarse 2 pouces ; queue arrondie.*

Sommet de la tête, joues et occiput d'un cendré noirâtre ; nuque et dos d'un gris brun clair ;

manteau et couvertures des ailes d'un brun noirâtre, chaque plume étant terminée par du brun clair; rémiges et pennes de la queue d'un brun noirâtre très-foncé; les dernières couvertures supérieures de la queue blanches, mais toutes les couvertures inférieures couleur de plomb ou brun clair, et terminées de blanc; toutes les parties inférieures depuis la base de la mandibule jusqu'aux couvertures caudales d'un blanc parfait. Bec tout noir; iris brun; partie externe du tarse et les doigts d'un gris foncé; face interne du tarse et la membrane jaunâtre clair. *Le mâle adulte.*

La femelle est généralement toute brune aux parties supérieures , et couleur de plomb , ou d'un brun cendré plus ou moins nuancé sur toutes les parties inférieures, qui sont blanches dans *le mâle.* On voit des mâles dont la ligne médiane du ventre est couleur de plomb; celle-ci disparaît aussi dans un âge plus avancé.

Les jeunes de l'année ne nous sont pas connus.

Il est probable que cette espèce distincte a souvent été confondue avec celle du midi de l'Europe; du moins M. Selby en fait, d'après le Manuel, une description qui est basée sur le vrai Puffin anciennement connu; mais il décrit et donne la fi-

gure, pl. 102, d'un sujet de l'espéce de cet article tué en Angleterre.

Voyez sous le nom de CINEREUS SHERWATER, Selb.
Brit. Birds v. 2, *p.* 528. — On doit citer encore ici les
figures publiées, sous'ce même nom, par Gould. *Birds of
Europ. part.* 19, qui sont l'une d'un mâle, l'autre dans
le fond, d'une femelle.—Voyez aussi PUFFINUS MAJOR. Faber, *Prodrom. Island. Orn. p.* 56, *sp.* 2, mais pas PRO-
CELLARIA FULIGINOSA. Kuhl. *Zool. Beit. p.* 148, *sp.* 27.

Habite. Très-abondant dans les hautes latitudes ; extrêmement commun sur les bancs de Terre-Neuve, où
les pêcheurs de morue se servent de sa chair pour
amorce. S'égare quelquefois vers les côtes septentrionales de l'Europe ; rare en Islande. On a tué en Angleterre,
à des époques différentes, trois individus de cette espèce,
qui s'égare aussi vers les côtes de Normandie.

Nourriture. Voieries marines, mollusques et insectes.

Propagation. Il niche par milliers sur les bancs de
Terre-Neuve.

PUFFIN MANKS. — *P. ANGLORUM.*

La couleur naturelle des pieds étant mal indiquée, nous la donnons ici d'après Graba. Le bord
tranchant postérieur des tarses et le doigt externe
sont d'un brun foncé ; les autres parties du tarse
sont couleur de chair, et les membranes de

teinte livide avec des raies brunes. Iris d'un brun foncé.

Les jeunes de l'année ont toutes les parties inférieures d'un cendré plus ou moins foncé.

Ajoutez aux synonymes :

Atlas du Manuel, *pl. lithog.* — PUFFINUS ARCTICUS. Faber. *Prodrom. Island. Orn. p.* 56. — MANKS SCHERWATER. Selb. *Brit. orn. vol.* 2, *p.* 529. — Gould. *Birds of Europ. part.* 14, *l'adulte.* — DER NORDISCHE und ENGLISCHE STURMTAUCHER. Brehm. *Vög. Deuts. p.* 806. — Graba. *Reis. Nach. Feröé p.* 137. — Kuhl. *Zool. beit., sp.* 23.

Habite. L'espèce est commune aux îles Féroë ; elle émigre en nombre plus ou moins considérable le long de nos côtes maritimes; est rare en Islande et ne visite pas les côtes de Norwége ; elle est commune sur les bancs de Terre-Neuve, et se trouve aussi dans le Midi, puisqu'on la voit accidentellement sur la Méditerranée. J'ai reçu un individu tué sur le Bosphore, et un autre de l'Adriatique ; leur bec est seulement un peu plus grêle que celui des sujets du Nord.

PUFFIN OBSCUR. — *P. OBSCURA.*

Ajoutez aux synonymes :

Atlas du Manuel, *pl. lithog.* — Gould. *Birds of Europ. part.* 23. — PÉTREL PUFFIN OBSCUR. Vieill. *Galer.*

des Ois. p. 230, *tab.* 301. — FRINGUELLO DI MARE. Savi. *Orn. Tosc. vol.* 3, *p.* 40.

Habite les îles de Noël et la baie du roi George ; deux individus ont été tués sur les côtes de France, en Bretagne et en Picardie.

GENRE QUATRE-VINGT-SIXIÈME.

THALASSIDROME.
THALASSIDROMA (Vig.).

Caractères. Voyez *Manuel*, vol. 2, page 809, article *troisième section*, *Pétrel hirondelle.*

On a toujours cru, mais erronément, que ces petits oiseaux, lorsqu'ils font leur apparition en mer, et suivent le sillage des vaisseaux, sont des indices d'une tempête prochaine, ou doivent faire craindre aux marins quelque coup de vent impétueux. Ce n'est pas pour se mettre à l'abri qu'ils s'attachent, de jour comme de nuit, à la suite d'un navire fendant les ondes ; mais tout simplement pour être mieux à même de saisir les substances qui leur servent de nourriture : certaines graines de plantes marines, et quelques espèces de très-petits mollusques qu'ils recherchent, flottant habituellement entre deux eaux, et à une petite distance de leur surface; les Thalassidromes, qui ne plongent pas, ne sauraient s'en saisir; mais par le sillage du vaisseau s'opère le remoux : il s'ensuit que leur proie est portée à la surface, et qu'ils peuvent s'en emparer plus facilement dans cette tourmente continuelle des eaux.

THALASSIDROME DE LEACH. — *TH. LEACHII.*

Ajoutez aux synonymes :

Atlas du Manuel, *pl. lithog.* —Gould. *Birds of Europ. part. 11.*— THALASSIDROMI BULLOCKII. Selb. *Brit. orn. vol.* 2, *p.* 537.

Habite. A été trouvé déjà plusieurs fois en Angleterre, comme en France et accidentellement en Belgique; il est très-commun sur les bancs de Terre-Neuve.

THALASSIDROME DE WILSON (*).

THALASSIDROMA WILSONII (C. BONAP.).

Queue à peu près carrée, seulement légère-

(*) Je fais très-volontiers le sacrifice de ma dénomination

ment émarginée; les ailes dépassent cette queue de plus d'un pouce; longueur du tarse 15 lignes; extrémité du tube nasal tourné en haut.

Tête et toutes les parties inférieures d'un noir couleur de suie; dos, scapulaires et ailes noirs; quelques unes des grandes couvertures des ailes lisérées de blanchâtre; toutes les couvertures du dessus de la queue, et chez quelques individus, également une partie des plumes de la région des cuisses ou quelques plumes des couvertures inférieures, d'un blanc pur; les trois pennes latérales de la queue blanches à leur base; bec et pieds noirs; sur les membranes une longue tache jaune et les bords des doigts finement lisérés de cette couleur; iris noir. Longueur, 6 pouces 3 ou 4 lignes. *Les deux sexes en plumage parfait.*

Les jeunes diffèrent sans doute bien peu des adultes, mais on ne les connaît point encore exactement.

PROCELLARIA PELAGICA. Wils. *Americ. Orn. vol.* 7,

---

de PÉTREL ÉCHASSE, quoique bien plus ancienne que celle que M. C. Bonaparte, lui substitue ; seulement je désire, qu'on ne m'accuse pas d'avoir confondu l'espèce d'Amérique avec celle d'Europe. Voyez *Manuel*, *vol.* 2 *p.* 812.

p. 90 , *pl.* 59, *fig.* 6. — PROCELLARIA OCEANICA. Banks.
Icon. 12. — Kuhl. *Zoolog. beit. p.* 136 , *sp.* 2, *fig.* 1. —
PROCELLARIA WILSONII. Ch. Bonap. et *Nouv. Edit. de* Wils.
Americ. Orn. vol. 7, *p.* 94 *et la planche citée.* — L'OI-
SEAU TEMPÊTE. Buff. *Ois., seulement la pl. Enl.* 993. —
PÉTREL ÉCHASSE. *Manuel , p.* 812.

Habite. Toute l'Amérique jusqu'au cap Horn , commun
sur les côtes du Chili , des États-Unis et du Brésil ; plus
rare au cap de Bonne-Espérance que le Pélagique ; se mon
tre accidentellement sur les côtes d'Espagne et sur la
Méditerranée.

Nourriture. Graines de quelques plantes marines ; petits coquillages , mollusques et voieries.

Propagation. Niche sur les rochers de Bahama , aux
Florides et à Cuba.

THALASSIDROME TEMPÊTE. — *TH. PELAGICA.*

La première rémige n'est pas la plus longue ,
elle est plus courte de 4 lignes que la seconde et
la troisième , qui est la plus longue. M. Graba
présume que leur mue est double , et qu'en automne leur plumage porte quelques taches peu
apparentes.

La variété trouvée à Féroë diffère de celle qu'on
voit accidentellement sur nos côtes par le man-

que de blanc aux scapulaires et aux pennes secondaires des ailes ; du reste, on ne voit aucune disparité marquée autre que celle individuelle propre à toute la création animée. Ce serait, suivant
Brehm, *Vog. Deuts.*, pag. 303, *Hydrobates fœ-
roensis.*

Ajoutez aux synonymes :

Atlas du Manuel, pl. lithog. — Graba , *Reis. nact.
Färö. p.* 175.—Gould. *Birds of Europ. part.* 11.—Selby.
Brit. orn. vol. 2, *p.* 533. — DER MEERPETERS VOGEL. Brehm.
Vög. Deuts. p. 804. — UCCELLO DELLE TEMPESTE. Savi.
Orn. Tosc. vol. 3, *p.* 43.

Il faut éloigner des synonymies de cette espèce
celle de Wilson :

Amer. Orn. vol. 7, *p.* 90, *pl.* 59 , *fig.* 6, qui forme
une espèce distincte , la même que *Thalassidomar
oceanica* et *Wilsonii*, ou le *Pétrel échasse* , du Manuel ,
toujours différente de la *Pelagica* ; c'est celle de Buffon ,
pl. enl. 933 , figure exacte, sous le nom d'*oiseau tempête*.
Voyez l'espèce précédente.

GENRE QUATRE-VINGT-SEPTIÈME.
OIE. — *ANSER.*

Caractères. Voyez section *Oie, Manuel,* vol. 2, page 816 ; et ajoutez : *Bec* plus court que la tête ou de cette longueur, conique, élevé à la base, couvert d'une cire; mandibule inférieure moins large que la supérieure. *Narines* latérales, vers le milieu du bec, percées par devant. *Pieds* dans l'équilibre du corps, à tarse long ; le doigt postérieur libre, articulé sur le tarse.

Nous n'adoptons point les genres *Bernicla* et *Chenalopex*, et conservons simplement le genre *Anser*, dont les plus petites espèces seraient *Anas jubata*, *coromandelica* et *madagascariensis.*

OIE HYPERBORÉE OU DE NEIGE. — *A. HYPER-BOREUS.*

Les sujets du nord de l'Asie et du Japon ressemblent à ceux d'Europe et d'Amérique; ceux du Japon sont seulement un peu moins grands; l'espèce s'y voit rarement, mais est plus nombreuse sur les côtes de la Corée.

Ajoutez aux synonymes :

Atlas du Manuel, *pl. lithog.*—Richards. *Faun. bore al Americ.* p. 467, nº 226.—Gould. *Birds of Europ. part.* 22. *Vieux, en plumage parfait.*—DIE NORDISCHE SCHNEGANS-ENTE. Brehm. *Vög. Deuts.* p. 854.

Habite les régions américaines du cercle arctique, d'où les jeunes s'égarent accidentellement en Europe. Rare au Japon, plus commune sur les côtes de Corée.

Propagation. Les œufs, selon Richardson, sont d'un ovale régulier, un peu plus grands que ceux du *Canard eider*, d'un blanc jaunâtre.

OIE CENDRÉE OU PREMIÈRE. — *A. FERUS.*

Ajoutez aux synonymes :

Atlas du Manuel, *pl. lithog.* — Roux. *Orn. provenç.* vol. 2, tab. 358 et 359. — ANSER PALUSTRIS. Selb. *Brit. Orn.* vol. 2, p. 261. — Gould. *Birds of Europ. part* 13. —DIE DEUTSCHE und NORDISCHE GRAUGANS. Brehm. *Vög. Deuts.* p. 835.—OCA PAGLIETANA. Savi. *Orn. Tosc.* vol. 3, p. 176. —GRA-GAS. Nils. *Skand. Fauna.* tab. 44.

OIE VULGAIRE OU SAUVAGE. — *A. SEGETUM.*

Ajoutez aux synonymes :

Atlas du Manuel, *pl. lithog.* — Roux. *Orn. provenç.* vol. 2, tab. 360. — ANSER FERUS. Selb. *Brit. Orn.* vol. 2,

p. 263.—Gould. *Birds of Europ. part.* 14.—OCA GRANA-
IOLA. Savi. *Orn. Tosc. vol.* 3 , *p.* 177.—DIE BREITSCHWAN-
ZIGE , WAHRE , ROSTGELBGRANE , FELD und DUNKCLE
SAATGANS. Brehm. *Vög. Deuts. p.* 835. —SADGAS. Nils.
Skand. Fauna. tab. 90.

OIE RIEUSE. — *A. ALBIFRONS.*

Ajoutez aux synonymes :

Atlas du Manuel, pl. lithog. —ANSER ERYTHROPUS.
Selb. *Brit. Orn. vol.* 2, *p.* 266.—Gould. *Birds of Europ.
part.* 12.—DIE GROSSE ünd KLEINE BLÆSSENGANS. Brehm.
Vög. Deuts. p. 843. — OCA LOMBARDELLA. Savi. *Orn.
Tosc. vol.* 3, *p.* 179.

Les ornithologistes allemands ont cru voir une
espèce distincte dans une oie que je tuai en novembre 1819, dans une petite troupe composée
d'individus semblables à celui que j'obtins. Je n'ai
vu dans ces oiseaux que des jeunes de l'année de
l'*oie rieuse* , provenant d'une ou de plusieurs
couvées tardives réunies en troupe, qui ont été
dans la nécessité d'opérer leur migration avant
d'avoir pu accomplir leur mue, et qui se sont
mis en route dans leur première livrée du jeune
âge ; plumage sous lequel nous ne voyons point
venir habituellement ces oiseaux dans nos contrées. Voici au reste la description de cet indi-

vidu, décrit sous Anser medius. Que ce soit une espèce ou bien le jeune de l'*oie rieuse*, il sera toujours facile de la reconnaître lorsqu'on aura été à même d'en voir quelques individus.

Sommet de la tête et nuque d'un gris foncé ; joues, devant et côtés du cou d'un cendré clair ; manteau, scapulaires et couvertures des ailes cendré foncé ; les plus grandes des couvertures sont terminées de blanc, ce qui forme une tache blanche sur l'aile ; les autres couvertures bordées de cendré clair ; rémiges grises à pointes noires et baguettes blanches ; pennes secondaires noirâtres ; croupion gris noirâtre ; couvertures supérieures de la queue un peu plus claires, et les dernières blanches, aussi bien que les bords de la queue, les couvertures du dessous, l'abdomen et la moitié du ventre ; queue d'un gris noirâtre bordée et terminée de blanc ; poitrine et côtés d'un brun cendré clair ; quelques plumes avec des bordures roux jaunâtre ; milieu du ventre blanchâtre marqué de taches cendrées noirâtres. Bec jaunâtre, à onglet noir ; pieds d'un orange terne. Longueur, 1 pied 9 pouces. Il paraît que le Bruch's saatgans de Brehm, *page* 841, tué sur le Rhin le 8 octobre, est aussi un pareil individu. Voir l'article *Oie à bec court.*

Habite. L'oie rieuse est exactement la même au Japon que dans nos climats.

Remarque. On prétend que l'OIE A HAUSSE-COL BLANC, *Anser canadensis* des méthodes, a été tuée en Europe, et qu'on la voit accidentellement dans les parties orientales de nos limites géographiques. Son apparition ne nous étant pas clairement prouvée, nous omettons sa description dans ce Manuel.

OIE BERNACHE. — *A. LEUCOPSIS.*

Ajoutez aux synonymes :

Atlas du Manuel, pl. lithog, — Roux. *Orn. provenç.* vol. 2, tab. 362. — ANAS ERYTHROPUS. Selb. *Brit. Orn.* vol. 2, p. 266. — Gould. *Birds of Europ. part.* 12. — WEISSWANGIGE MEERGANS. Brehm. *Vög. Deuts. p.* 847. — FJALLGAS. Nils. *Skand. Fauna, tab.* 94. — Faber. *Island. Orn. p.* 80, *sp.* 4.

Habite. L'espèce est exactement la même au Japon et dans toute l'Asie. Commune à l'embouchure des grandes rivières du nord de l'Europe.

OIE A BEC COURT.

ANSER BRACHYRHYNCHUS (BAILL.).

Bec très-petit et court ; tache à la mandibule supérieure d'un rouge pourpré très-vif, pieds rouges.

Taille d'un tiers moindre que l'*Aser segetum*, auquel elle ressemble par le plumage. Bec remarquablement court, toujours peint d'une tache rouge pourpre très-prononcé et vif. La tête et le cou sont bruns ; la partie supérieure du bas du cou d'un roux fauve très-prononcé ; tout le manteau d'un beau gris cendré, très-clair, et toutes les plumes de ces parties terminées par un cercle blanchâtre. Pieds d'un beau rouge. Longueur totale 2 pieds ; bec 1 pouce 8 lignes ; hauteur du bec à sa base 11 lignes ; tarse 2 pouces 6 lignes. *L'adulte*.

Synonymie. — ANSER BRACHYRHYNCHUS. Baill. *Mém. de la société d'émul. d'Abbeville. Ann.* 1833. — Id. *Catal.* p. 26. Je présume que mon ANSER MEDIUS et celui de Meyer appartiennent à cette espèce.

Habite. De passage accidentel en France, où l'espèce a été vue et tuée plusieurs fois ; peut-être aussi dans quelques autres contrées de l'Europe, où elle peut avoir été confondue avec l'*Anser segetum*, dont elle diffère peu. On ne l'a observée que dans les hivers rigoureux de 1829, de 1830 et de 1838, toujours en très-petit nombre, faisant bande à part, et ne se mêlant point à celles des oies vulgaires.

Remarque. M. de Lamotte d'Abbeville nourrit, depuis 1830, trois individus de cette oie dans sa basse-cour, où ils vivent en compagnie d'individus des espèces du *cinereus*, du *segetum* et de l'*albifrons*, sans jamais vouloir se mêler avec ces trois espèces, et faisant toujours bande à part. On les distingue facilement, même de loin, nous dit cet ami, à la tache rouge du bec, à la couleur rouge des pieds, et à la teinte cendrée du manteau.

Nourriture. En captivité comme les autres espèces.

Propagation, inconnue.

OIE CRAVANT. — *A. BERNICLA.*

Ajoutez aux synonymes :

Atlas du Manuel, *pl. lithog.* — Roux. *Orn. provenç. vol.* 2, *tab.* 363.—ANSER BRENTA. Selby. *Brit. Orn. vol.* 2, *p.* 268.—Gould. *Birds of Europ. part.* 17. — DIE GRAU-BAUCHIGE, KLEINFUSSIG, BREITSCHWANZIGE, KURZSCHNA-BLIGE RINGELMEERGANS. Brehm. *Vög. Deuts. p.* 847. — OCA COLOMBACIO. Savi. *Orn. Tosc. vol.* 3, *p.* 180. — PRECT-GAS. Nils. *Skand. Fauna. tab.* 111.

Remarque. Cette espèce paraît être plus attachée aux eaux que les autres oies ; car on la voit des jours entiers nageant en troupes à l'embouchure des rivières, et au milieu des algues marines.

OIE A COU ROUX. — *A. RUFICOLLIS.*

Les jeunes diffèrent assez de l'adulte par le plumage. Nous n'avons pas été assez heureux pour

en voir, quoiqu'ils aient été tués en Europe dans
cette livrée.

Ajoutez aux synonymes :

Atlas du Manuel, pl. lithog.—Selb. *Brit. Orn. vol.* 2,
p. 275. — Gould. *Birds of Europ. part.* 16. — ROTH-
HALSMEERGANS. Brehm. *Vög. Deuts. p.* 852. — ANSER
TORQUATUS. Faber. *Prodrom. Island. orn. p.* 80.—RODH-
ALSAD-GAS. Nils. *Skand. Fauna, tab.* 87.

Habite. Le passage de cette espèce est assez régulier
en Danemarck ; quelques individus ont été tués en Angleterre et en France ; un seul exemple est cité pour les
Pays -Bas.

OIE ÉGYPTIENNE.

ANSER ÆGYPTIACUS (Auct.).

Petites plumes entourant la base du bec, une
raie partant de là vers les yeux et tout l'espace
orbitaire d'un marron pur ; le reste des côtés de
la tête, le sommet et le devant du cou, d'une
teinte isabelle passant vers la nuque au brun
roussâtre ; cette couleur forme collier sur le devant du cou ; manteau et scapulaires d'un marron
clair rayé transversalement de bandes noires
vermiculées ; milieu du dos et les plus grandes
scapulaires d'un brun rougeâtre rayé de fines
bandes brunes et grises ; les moins grandes des

scapulaires d'un marron doré; petites couvertures d'un blanc pur, les plus grandes de celles-ci barrées transversalement d'une bande noire; rémiges, croupion et queue noirs; pennes secondaires d'un vert métallique à reflets pourprés; sur le milieu de la région thoracique un large plastron marron pur; toutes les autres parties inférieures d'un isabelle jaunâtre, finement rayé de zigzags bruns; abdomen roussâtre clair; bec rougeâtre, à bords et onglet noirs; pieds couleur de chair rougeâtre; iris orange. Longueur, 2 pieds 2 ou 3 pouces. *Le vieux mâle.*

La vieille femelle diffère du mâle par les teintes moins vives et moins pures, mais la distribution de celles-ci est la même.

ANAS ÆGYPTIACA. Lin. *Gmel. Syst.* 1, *p.* 512.—Briss. *Orn. vol.* 6, *p.* 284, *tab.* 27. — ANSER ÆGYPTIACUS, Meyer, *Orn. Taschenb, vol.* 2, *p.* 562, *sp.* 8.—CHENALOPEX ÆGYPTIACUS. Gould. *Birds of Europ. part.* 21, *le mâle.*— OIE D'ÉGYPTE ET DU CAP DE BONNE-ESPÉRANCE. Buff. *Ois. vol.* 9, *p.* 74.—Id. *pl. enl.* 379.—Sonn. *voy. Ind. vol.* 2, *p.* 220, *tab.* 982 *et* 983.—Albin. *Ois. vol.* 2, *tab.* 93. — EGYPTIAN GOOSE. Lath. *Syn. vol.* 6, *p.* 453, *sp.* 16.—*Atlas du Manuel, pl. lithog.*

Habite toute l'Afrique, du nord au midi; se trouve aussi en Turquie, visite les bouches du Danube, et se montre accidentellement dans quelques îles de l'Archipel; a été tuée en Sicile, et, *dit-on*, aussi dans quelques parties de l'Allemagne. M. Selys-Longchamps me marque qu'un individu a été tué sur la Meuse et un autre à Liége.

Nourriture. Comme les autres espèces, on peut la faire multiplier dans les ménageries, où elle réussit ainsi que tous les autres captifs de ce genre.

Propagation, inconnue.

Remarque. Depuis que nous avons obtenu la certitude de l'apparition d'individus à l'état sauvage, dans quelques parties de l'Europe méridionale, nous n'avons pas balancé à l'admettre comme espèce propre à nos régions géographiques.

Brehm fait encore mention d'une espèce du Nord, que nous signalons succinctement, mais avec quelque doute, n'ayant jamais vu de sujet en nature sur lequel nous puissions baser notre opinion. Longueur du bec 15 lignes; tarses 24 lignes; longueur totale 21 pouces 8 lignes, *selon la mesure allemande*. Elle serait la moins grande des espèces européennes. Le bec est jaune, un peu brunâtre à l'onglet; pieds et tour des yeux d'un orange pâle; tout le plumage gris d'oie (ganse grau); sommet de la tête et base latérale du bec d'un brun noirâtre; la partie inférieure du dos d'un cendré noirâtre, les rémiges cendrées à pointes noires; sur le miroir, d'un noir terne, existe une bande blanche; la queue, d'un cendré noirâtre, a le bout des pennes et leurs bords lisérés de blanc; les plus longues des couvertures supérieures de la queue blanches ; le dessous du corps gris d'oie clair ; ventre et abdomen blancs. Tuée sur le Schwanensee, près d'Erfurt, et désignée par Brehm sous le nom de ANSER CINERACEUS. *Vög. Deuts. p.* 845.

GENRE QUATRE-VINGT-HUITIÈME.

CYGNE. — *CYCNUS.*

Caractères. Voyez *Manuel,* vol. 2, page 828, section deuxième, et ajoutez : *Bec* d'égale largeur partout ; beaucoup plus haut que large à la base ; déprimé à la pointe. Les deux mandibules dentelées, à lamelles transversales. *Narines* oblongues, latérales, au milieu du bec. *Pieds* hors de l'équilibre, courts ; le pouce petit et libre. Le cou grêle, très-long.

CYGNE SAUVAGE.—*C. MUSICUS.*

Ajoutez aux synonymes :

Ray. *Syn. av. p.* 136. — *Atlas du Manuel, pl. lithog.* —Roux. *Orn. provenç. tab.* 365. — CYCNUS FERUS. Selb. *Brit. Orn. vol.* 2, *p.* 278. —Gould. *Birds of Europ. part.* 15.—DER NORDÖSTLICHE SINGSCHWAN. Brehm. *Vög. Deuts. p.* 831. — CIGNO SALVATIO. Savi. *Orn. Tosc. vol.* 3, *p.* 170.

Habite. Cette espèce paraît être plus nombreuse dans les parties orientales que la suivante, puisqu'elle vit jusqu'au Japon, où l'autre ne se trouve pas.

CYGNE DE BEWICK.

CYCNUS BEWICKII (Yarr.).

Quoique toujours d'un tiers moins grande que l'espèce précédente, elle lui ressemble beaucoup au premier coup d'œil. La base du bec est plus élevée, formant, dans l'adulte, une protubérance jaune; cette espèce n'aurait toujours que 18 pennes à la queue, tandis que le cygne sauvage en compterait invariablement 20. *Ce qui, selon notre opinion, ne peut guère se trouver constamment tel, vu que plusieurs espèces offrent, sous le rapport du nombre des pennes alaires et caudales, des variétés individuelles plus ou moins nombreuses.* Les ailés sont plus courtes, et ne couvrent point une portion aussi étendue de la queue; sur le sommet de la tête se trouvent quelques mèches d'un brun roussâtre. Les pieds sont d'un noir plus décidé, plus longs et plus grêles.

L'*Anatomie* fournit des disparités plus marquées; la cavité du sternum a une profondeur de

5 pouces et demi, quelquefois de 6 pouces; elle
est dilatée latéralement jusque vers le bout de
l'os sternal, et les deux tubes sont très-rapprochés; tandis que, dans le *cygne sauvage*, la cavité
n'a que 3 pouces de profondeur; elle se dilate
verticalement, et les deux tubes sont distâns. Le larynx inférieur du *Bewick* est triangulaire, terminé
par des bronches aplaties, très-courtes; celui du
sauvage est comprimé et terminé par des bronches
longues, cylindriques et dilatées vers le milieu.
*Voyez les descriptions plus détaillées, données
par M. Yarrel. Linn. transact. vol. 12, pag. 445.*

Le plumage est à peu près en tout point semblable à celui de l'espèce précédente; l'*adulte* est
nonobstant caractérisé par une teinte blanche
jaunâtre, particulièrement au cou. *Le jeune* par
sa tête plus brune.

CYGNUS ISLANDICUS. Brehm. *Vög. Deuts. p.* 882. —
CYGNUS MUSICUS. Faber. *Prodröm. Island. Orn. p.* 81. —
CYGNUS BEWICKII. Yarr. *Transact. Linn. soc. vol.* 12,
p. 445. — Jardin. *Ill. of. Orn. pl.* 95. — Gould. *Birds of
Europ. part.* 19. — Selb. *Brit. Orn. vol.* 2, *p.* 284.

Habite l'Islande et émigre périodiquement vers le
Midi; dans les hivers rigoureux on le tue, assez souvent,
sur les côtes maritimes de Picardie. Se trouve aussi

dans les régions arctiques du Nouveau-Monde. Dans les contrées tempérées de l'Europe, où cette espèce est de passage, on l'a confondue jusqu'ici avec la précédente.

Nourriture. Comme l'espèce précédente.

Propagation. Le nid est plus vaste que celui du cygne sauvage ; pond en mai en Islande, de cinq à sept œufs, d'un brun jaunâtre.

CYGNE TUBERCULÉ. — *C. OLOR.*

Ajoutez aux synonymes :

Atlas du Manuel, pl. lithog. — Roux. *Orn. provenç.* vol. 2, tab. 364.—Gould. *Birds of Europ. part.* 7.—DER WEISSKÖPFIGE und GELBKÖPFIGE HÖCKERSCHWAN. Brehm. *Vög. Deuts. p.* 829. — *Cigno reale.* Savi. *Orn. Tosc.* vol. 3, p. 172.

GENRE QUATRE-VINGT-NEUVIÈME.

CANARD. — *ANAS.*

Caractères. Voyez *Manuel*, vol. 2, pag. 831.

A.— *Le doigt postérieur, sans membrane.*

Ces espèces recherchent toujours les embouchures des rivières, et ne se montrent point en pleine mer reposant sur les eaux; elles y sont simplement de passage. Ces canards des eaux douces plongent rarement, et seulement pour se soustraire aux dangers qui les menacent. Ils émigrent le long des fleuves et des marais, et remontent annuellement en masse toutes les grandes rivières.

On a porté récemment le luxe des coupes nouvelles dans ce genre au maximum de la minutie. Tels sont :

Tadorna.—*Spatula.*—*Clypeata.* —*Chauliodus.* —*Dafila.*—*Anas.*—*Querquedula.*— *Dendronessa.* — *Mareca.* —*Oidemia.*—*Melanitta.* — *Somateria.*—*Udina.*—*Fuligula.* —*Aythya.* — *Harelda.* — *Platypus.* — *Clangula* et *Callichen.*

Les espèces exotiques pourront encore fournir quelques nouveaux genres. Ainsi que cela devait avoir lieu, les avis se trouvent être divergens sur la place que les espèces doivent occuper dans ces coupes nombreuses, indéterminables par des phrases caractéristiques.

CANARD KASARKA. — *A. RUTILA.*

Ajoutez aux synonymes :

Atlas du Manuel, *pl. lithog.* — Ruddy schieldrake. Gould. *Birds of Europ. part.* 19. — Selb. *Brit. Orn. vol.* 2, *p.* 293. — Die rothe gansente. Brehm. *Vög. Deuts. p.* 859. — Casarca. Savi. *Orn. Tosc. vol.* 3, *p.* 168.

CANARD TADORNE. — *A. TADORNA.*

Ajoutez aux synonymes :

Atlas du Manuel, *pl. lithog.* — Tadorna vulpanser. Selb. *Brit. Orn. vol.* 2, *p.* 289. — Gould. *Birds. of Europ.* —Die höcker kusten und ufer brandgansente. Brehm. *Vög. Deuts. p.* 856.—Volpoca. Savi. *Orn. Tosc. vol.* 3, *p.* 166.—Grafgas. Nilss. *Skand. Fauna. tab.* 81. *Mâle.*

Habite. L'espèce est exactement la même au Japon.

CANARD SAUVAGE. — *A. BOSCHAS.*

Ajoutez aux synonymes :

Atlas du Manuel, *pl. lithog.*—Selb. *Brit. Orn. vol.* 2, *p.* 305. — Gould. *Birds of Europ. part.* 46. — Die grosse, wahre, islandische und grönlandische stockente. Brehm. *Vög. Deuts. p.* 862. — Germanreale.

Savi. *Orn. Tosc. vol.* 3, *p.* 161.—GRAS-AND. Nilss. *Skand. Faun. tab.* 12 *et* 13 , *mâle et femelle.*

Habite. On ne voit pas la moindre différence entre les individus du Japon et ceux d'Europe.

CANARD CHIPEAU. — *A. STREPERA.*

Ajoutez aux synonymes :

Atlas du Manuel , *pl. lithog.* — COMMON GADWALL. Selb. *Brit. Orn. vol.* 2, *p.* 301. — Gould. *Birds of Europ. part.* 8 , *mâle et femelle.* — DIE GROSSCHNABLIGE und KLEINSCHNABLIGE SCHNATTERENTE. Brehm. *Vög. Deuts. p.* 870. — CANAPIGLIA. Savi. *Orn. Tosc. vol.* 3, *p.* 159.

Habite. Les sujets du Japon sont exactement semblables à ceux d'Europe.

CANARD PILET. — *A. ACUTA.*

Ajoutez aux synonymes :

Atlas du Manuel, pl. lithog.—Selb. *Brit. Orn. vol.* 2, *p.* 311. — Gould. *Birds of Europ. part.* 5 , *mâle et femelle.* — DIE SCHMALSCHNABLIGE , BREITSCHNABLIGE und AMERIKANISCHE SPIESENTE. Brehm. *Vög. Deuts. p.* 867. — CODONE. Savi. *Orn. Tosc. vol.* 3 , *p.* 156.

Habite. Les sujets du Japon ne diffèrent pas de ceux d'Europe.

CANARD SIFFLEUR. — *A. PENELOPE.*

Ajoutez aux synonymes :

Atlas du Manuel, *pl. lithog.* — Selb. *Brit. Orn.* vol. 2, *p.* 324. — Gould. *Birds of Europ. part.* 10 , *mâle et femelle.* — DIE GROSSCHNABLIGE, SCHMALSCHNA-BLIGE und KURZSCHNABLIGE PFEIFENTE. Br. *Vög. Deuts. p.* 872. — FISCHIONE. Savi. *Orn. Tosc. vol.* 3, *p.* 146.

Habite. Les sujets du Japon ne diffèrent point de ceux d'Europe.

CANARD GLOUSSEUR.

ANAS GLOCITANS (PALL.).

Sommet de la tête d'un marron foncé ; joues et côtés du cou d'un vert bouteille à reflets : au milieu de cette teinte brillante sont peintes deux taches rousses, l'une au devant et en dessous des yeux, l'autre sur les côtés du cou au dessous du méat auditif; poitrine d'un roux vif marqué de taches rondes, noires ; manteau, scapulaires , flancs et cuisses marqués de zigzags noirs très-déliés , rapprochés et régulièrement distribués sur fond gris clair; les plus longues des scapulaires étroites, terminées en pointe, peintes de noir velouté le long des baguettes et sur les barbes extérieures, et de roux sur les barbes intérieures; couvertures des ailes d'un gris brun; le miroir d'un beau vert bouteille plus ou moins vif ou noirâtre, ce miroir est limité à sa partie supérieure par une bande transversale rousse, et à sa partie inférieure par une bande blanche; croupion, couvertures supérieures et inférieures de la queue, ainsi que les deux pennes du milieu, d'un vert noirâtre, mais les pennes latérales d'un brun clair et bordées de blanc, un croissant de teinte isabelle sépare le noir verdâtre de l'abdomen de la teinte blanchâtre du ventre. Bec d'un brun olivâtre, mais jaunâtre à sa base; pieds bruns. Longueur, de 16 à 17 pouces. *Le très-vieux mâle.*

Il paraît que *les mâles* varient beaucoup dans les teintes plus ou moins pures de leur livrée, dans la couleur des deux grandès taches du cou et dans les dessins qu'elles forment. J'ai vu un sujet mâle couvert en partie seulement du plumage bigarré de ce sexe, tandis que tout le reste était comme chez la femelle, mais tapiré çà et là de quelques plumes de mâle. Le sommet de la tête portant seulement du roux à la fine pointe des plumes, et le reste noir; et le vert métallique se trouvant nuancé de noir, à pointe des plumes blanche. *Probablement un jeune mâle,* ou bien *un mâle en mue.*

La femelle a la tête et le cou d'un isabelle
brunâtre marqué de très-petites taches noires ;
les parties supérieures d'un brun noirâtre, chaque plume étant bordée de brun roussâtre ; poitrine d'une teinte brune roussâtre, mais toutes
les plumes noires au centre ; épaules d'un gris
brun ; le miroir vert est à reflets pourprés à sa
partie supérieure, et noir vers les rémiges, où ces
plumes sont bordées de blanc ; rémiges et queue
brunes, les pennes de celles-ci lisérées de teinte
isabelle ; parties inférieures d'un blanc grisâtre ;
les pieds d'une teinte orange.

ANAS GLOCITANS. Pall. *Act. Stock.* 1779 , *v.* 40,
tab. 33, *fig.* 1. — Lath. *Ind. orn. vol.* 2, *p.* 862, *sp.* 75.
—BIMACULATED DUCK. Penn. *Arct. zool. n*° 287, *tab.* 100,
fig. 2. — Lath. *Syn. vol.* 6, *p.* 521. — Selb. *Brit. Orn.
vol.* 2, *p.* 321. — Gould. *Birds of Europ. part.* 17, *vieux
mâle et femelle.*

Habite la Sibérie et visite la Russie européenne ; accidentellement dans le Nord et en Angleterre , où quelques individus ont été tués. On le trouve fréquemment
sur les bords du lac Baikal, le fleuve Lena et les côtes
de Corée.

Nourriture, propagation et anatomie, inconnues.

Remarque. Anas formosa, espèce qu'on trouve assez
communément dans la Sibérie, en Chine et au Japon,
ressemble beaucoup par les formes et la distribution

des couleurs à notre *Anas glocitans ;* toutefois, il paraît que le *Canard formose* est une espèce différente. On voit une figure très-exacte de cette dernière, sous le nom de *Anas glocitans*, dans les *Fascicules*, publiés par M. Brandt, sous le titre de *Animalium Rossicorum novorum, fasc.* 1, *pag.* 28, *tab.* 4, où cet auteur réunit les synonymes des deux indications de Pallas; il est toutefois certain que le *Bimaculated duck* ou *Anas glocitans* des auteurs anglais, n'est pas identique avec *Anas glocitans* de M. Brandt, ni avec la description de *l'Anas formosa* des auteurs. Néanmoins, il se pourrait que ce fussent des livrées différentes d'une même espèce, ce que nous ne saurions décider, n'ayant pas vu un assez grand nombre d'individus de notre espèce européenne.

CANARD SPONSA.

ANAS SPONSA (Linn.).

Front, sommet de la tête et la longue huppe pendante, d'un vert bronzé très-éclatant, changeant en violet métallique ; deux fines bandes blanches suivent la forme de cette huppe, l'une partant du bec et l'autre du bord postérieur des yeux ; joues et côtés de la partie supérieure du cou d'un violet brillant ; gorge, devant du cou, et le collier, qui remonte en croissant, d'un blanc pur ; ce collier est terminé par une bande noire ; poitrine d'un violet foncé marqué de taches blanches, triangulaires, qui deviennent plus grandes vers le ventre coloré de blanc pur ; sur les côtés de la poitrine un croissant blanc suivi d'une semblable bande noire ; flancs d'un jaune d'ocre vermiculé de fines lignes noires ; ces belles plumes sont terminées de bandes semi-circulaires blanches et noires ; couvertures caudales longues, noires et à reflets vert bronzé ; la queue porte aussi cette teinte ; rémiges gris argentin ; les secondaires d'un vert bleuâtre à reflets et terminées de blanc ; couvertures d'un riche bleu violet et terminées de noir ; bec rouge, bordé de noir et de cette teinte vers les narines ; iris orange ; pieds et doigts d'un jaune rougeâtre à palmures noirâtres. Longueur de 18 à 19 pouces. *Le très-vieux mâle.*

La femelle porte une petite huppe ; sommet de la tête d'un pourpre foncé ; derrière les yeux une bande blanche ; gorge et devant du cou blancs ; tête et cou d'un brun jaunâtre foncé ; poitrine d'un brun sombre, marqué de grandes taches blanches triangulaires ; dos et manteau d'un brun chatoyant et bronzé ; miroir des ailes à peu près comme dans le mâle ; les belles plumes des flancs, propres au mâle , ne se trouvent point chez la femelle ; le bec blanchâtre au milieu ,

bordé de brun ; l'iris, couleur noisette ; les pieds,
d'un gris olivâtre , ont les membranes brunes.

Le jeune mâle ressemble à *la femelle.*

ANAS SPONSA. Linn. *Syst.* 1, *pag.* 207.— Gmel. *Syst.* 1,
pag. 539. — Lath. *Ind. orn. vol.* 2, *pag.* 871.—Wilson.
Americ. orn. vol. 8, *pl.* 70, *fig.* 3, *le mâle.* — Sabine.
Frank. jour. p. 702.— DENDRONESSA SPÒNSA. Richards.
Orn. Borea. Americ. p. 446, *sp.* 204. — ANAS ÆSTIVA.
Briss. *Orn. vol.* 6, *p.* 351, *tab.* 32, *fig.* 2. — LE BEAU
CANARD HUPPÉ. Buff. *Ois. vol.* 9, *p.* 245. — Id. *pl. enl.*
980 *et* 981, *mâle et femelle.* — AMERICAN WOOD DUCK.
Brown. *Jam. p.* 481. — SUMMER DUCK. Catesb. *Carol.
vol.* 1, *p.* 97. — Edw. *Glanur. tab.* 101, *le mâle.* —
Penn. *Arct. zool. vol.* 2, *n°* 493. — Lath. *Syn. vol.* 6,
p. 546. — Gould. *Birds of Europ.* — *Atlas du Manuel,
pl. lithogr.*

Habite l'Amérique septentrionale, d'où il émigre en
été vers les parties boréales et s'égare, probablement
par quelque coup de vent, jusqu'à visiter accidentellement les côtes d'Angleterre. M. Yarrel cite deux captures d'individus dans le Surrey.

Nourriture, semences et insectes.

Propagation. Niche, suivant Wilson, dans les arbres
creux et vermoulus du rivage, le plus souvent dans ceux
à moitié brisés par les vents ; pond jusqu'au nombre de
quatorze œufs, de forme ovalaire, d'un blanc jaunâtre
et d'un lustre parfait, comme de l'ivoire poli.

CANARD SARCELLE D'ÉTÉ. — *A. QUERQUEDULA.*

Ajoutez aux synonymes :

Atlas du Manuel, pl. lithog. — Selb. *Brit. Orn. vol.* 2, *p.* 318. — Gould. *Birds of Europ. part.* 13, *mâle et femelle.* — DIE GROSSE, BLAUFLUGLIGE und KLEINE KNACKKRICKENTE. Brehm. *Vög. Deuts. p.* 881. — MARZAJOLA. Savi. *Orn. Tosc. vol.* 3, *p.* 151.— ARTA. Nilss. *Skandinav. faun. tab.* 84.

CANARD SARCELLE D'HIVER. — *A. CRECCA.*

Remarque. THE GREEN WINGEND TEAL de Wils. *Americ. orn. vol.* 8, *tab.* 70, *fig.* 4, forme uue espèce distincte de notre *Sarcelle d'été;* elle est facile à reconnaître par la bande blanche et longitudinale des scapulaires. Voyez aussi Richards. *Orn. boreal Americ. p.* 443.

Ajoutez aux synonymes :

Atlas du Manuel, pl. lithog. — Selb. *Brit. Orn. vol.* 2, *p.* 315. — Gould. *Birds of Europ. part.* 9. — SCHMALSCHNABLIGE, MITTLERE und KURZSCHNABLIGE KRICKENTE. Brehm. *Vög. Deuts. p.* 884. — ALZAVOLA. Savi. *Orn. Tosc. vol.* 3, *p.* 148. — KRICH-AND. Nilss. *Skandinav. faun. tab.* 33 *et* 63, *mâle et femelle.*

Habite. L'espèce est exactement la même au Japon.

CANARD SOUCHET. — *A. CLYPEATA.*

Ajoutez aux synonymes :

Atlas du Manuel, *pl. lithog.* — Common Shoveller. Selb. *Brit. orn. vol.* 2, *p.* 297. — Gould. *Birds of Europ. part.* 19. — Die langschnablige, breitschnablige pommersche und kurzschablige löffelente. Brehm. *Vög. Deuts. p.* 879. — Mestolone. Savi. *Orn. Tosc. vol.* 3, *p.* 154.

Habite. L'espèce est exactement la même au Japon.

B. *Au doigt postérieur une membrane rudimentaire.*

Ces canards sont essentiellement maritimes ; leurs troupes nombreuses couvrent les plages côtières et les bas-fonds des bords de la mer ; ils sont continuellement occupés à poursuivre leur proie en plongeant entre deux eaux ; leur nourriture consiste principalement en crustacés et en mollusques, rarement en plantes marines ; ils s'emparent des premiers, s'aidant, sous l'eau, de leurs ailes en guise de rames ; dans leur migration ils suivent ordinairement les bords des mers et ne poussent leurs voyages le long des fleuves que lorsque la mer se couvre de glaçons ; on les voit

alors sur les lacs de l'intérieur; dans leur migration, surtout dans celle d'automne et d'hiver,
il est rare de trouver les sexes réunis; *les mâles*
voyagent toujours en bandes séparées des *femelles ; les jeunes* émigrent ainsi séparément ou
s'associent aux bandes des *femelles adultes.*

CANARD EIDER. — *A. MOLLISSIMA.*

Ajoutez aux synonymes :

Atlas du Manuel, pl. lithog. — Roux. *Orn. provenç.
vol.* 2, *tab.* 366 et 367, *mâle et femelle.*—COMMON EIDER.
Selb. *Brit. Orn. vol.* 2, *p.* 338.—Gould. *Birds of Europ.
part.* 4, *mâle et femelle* — Faber. *Prodrom. Island. Orn.
p.* 68. — DIE DANISCHE, NORWEGISCHE, FARÖISCHE.—IS-
LANDISCHE, GROSSSCHWANZIGE, NORDISCHE, LEISLERS und
PLATTSTIRNIGE EIDERENTE. Brehm. *Vog. Deuts. p.* 890.
— EIDERGAS. Nilss. *Skand. Faun. tab.* 69 et 73, *mâle et
femelle.*

CANARD A TÊTE GRISE. — *A. SPECTABILIS.*

Les différences extérieures dans les sexes sont
absolument les mêmes dans cette espèce que
dans la précédente; les mâles étant richement
vêtus et peints de couleurs tranchées, tandis que
les femelles sont d'un brun terne. *La femelle*
du *canard à tête grise* ressemble, à s'y mépren-

dre, à celle du *canard eider ;* toutes les deux ont une même livrée brune, la première d'une teinte un peu plus foncée que la seconde; leurs formes sont les mêmes.

Ajoutez aux synonymes :

Atlas du Manuel, *pl. lithog.* — KING EIDER. Selb. *Brit. Orn. vol.* 2, *p.* 343. — Gould. *Birds of Europ. part.* 4, *mâle et femelle.*—PRACHTENTE. Meyer. *Zusatz. Orn. Faschenb. Deuts. p.* 227. — Faber. *Prodrom. Island. Orn.*

Nourriture. Poissons, mollusques et coquillages bivalves.

Propagation. Faber l'a vu rarement en Islande, où quelques paires viennent nicher. Plus abondant au Groënland.

CANARD MARCHAND. — *A. PERSPICILLATA.*

Ajoutez aux synonymes :

Atlas du Manuel, *pl. lithog.* — SURF SCOTER. Selb. *Brit. Orn. vol.* 2, *p.* 335. —Gould. *Birds of Europ.*— DIE BRILLENTE. Meyer. *Zusatz. Orn. Taschenb. Deuts. p.* 225. — HUITNACKAD SVARTA. Nilss. *Skandin. Fauna, tab.* 115.

CANARD DOUBLE MACREUSE. — *A. FUSCA.*

Ajoutez aux synonymes :

Atlas du Manuel, *pl. lithog.* — Velvet scoter. Selb.
Brit. Orn. vol. 2, *p.* 333. — Gould. *Birds of Europ.*
— Hornschuch's, achte, grossfusige und breitschnablige sammettraurente. Brehm. *Vög. Deuts. p.* 904.
—Buffon. *Ois. pl. enl.* 956.—Roux. *Orn. provenç. v.* 2,
tab. 368. — Germano di mare. Savi. *Orn. Tosc. vol.* 3,
p. 126.

CANARD MACREUSE. — *A. NIGRA.*

Ajoutez aux synonymes :

Atlas du Manuel, pl. lithog.—Macrosa. Savi. *vol.* 3,
p. 127. —Roux. *Orn. provenç. vol.* 2, *tab.* 369 et 370,
mâle et femelle. — Faber. *Prodrom. Island. Orn. p.* 67.
—Sjo-orre. Nilss. *Skand. Fauna tab.* 82.—Black scoter. Selb. *Brit. Orn. vol.* 2, *p.* 329. — Gould. *Birds of
Europ. part.* 15, *vieux mâle.* — Die schwarzfussige,
grosschwanzige, breithöckerige und schmalschwanzige traurente. Brehm. *Vög. Deuts. p.* 901.

Habite. Cette espèce et la précédente sont exactement
les mêmes au Japon.

CANARD SIFFLEUR HUPPÉ. — *A. RUFINA.*

Ajoutez aux synonymes :

Atlas du Manuel, pl. lithog. — Roux. *Orn. provenç. vol.* 2 , *tab.* 379 , *vieux mâle.* — Fistione turco. Savi. *Orn. Tosc. vol.* 3 , *p.* 137. — Red crested pochard. Selb. *Brit. Orn. vol.* 2, *p.* 350. — Gould. *Birds of Europ. part.* 6 , *mâle et femelle.* — Die rothköpfige , gelbköpfige , schmalschwanzige und kleinfussige kolbenente. Brehm. *Vög. Deuts. p.* 922.

CANARD MARBRÉ.

ANAS MARMORATA (Mihi).

Seulement un peu plus grand que la *Sarcelle*, mais portant les formes du *siffleur huppé*, quoique la tête, dans les deux sexes, se trouve dépourvue de huppe. Autour des yeux une grande tache brune ovoïde, mais plus large derrière qu'en avant de cet organe; sommet de la tête, pourtour du bec et tout le cou blanchâtre, marqué de très-fines stries longitudinales; manteau, dos, scapulaires et pennes caudales brun-ombre, chaque plume des deux premières parties terminée par un croissant isabelle, et celles des deux dernières par une grande tache blanche nuancée de cendré;

ailes d'un brun cendré clair, les pennes secondaires terminées de blanc; poitrine, flancs, cuisses,
abdomen et couvertures de la queue ondés de
bandes transversales, d'un brun clair sur fond
blanchâtre terne; ventre plus blanc, presque im-
perceptiblement ondé de brun très-clair. Bec noir;
pieds cendré noirâtre ; iris brun. Longueur, 14
pouces. *Le mâle.*

La femelle ressemble au mâle; son plumage
est généralement plus clair; les stries et les bandes brunes sont plus pâles, et le dessous du corps
est d'un blanc plus pur.

MARBELED DUCK. Gould. *Birds of Europ. part.* 9.

Habite. M. Cantraine nous a procuré une paire de
cette espèce nouvelle de canard, qu'il n'a trouvée que fort
rarement sur les côtes de Sardaigne, la seule des parties
méditerranéennes où il ait rencontré cette espèce.

Nourriture. Selon M. Cantraine , insectes et vers.

Propagation, inconnue.

CANARD MILOUINAN. — *A. MARILA.*

Ajoutez aux synonymes :

Atlas du Manuel, *pl. lithog.* — SCAUP POCHARD. Selb.
Brit. Orn. vol. 2, *p.* 354. — Gould. *Birds of Europ.*

part. 19. — Die islandische, krummschnablige, und weissruckige bergmoorente. Brehm. *Vög. Deuts. p.* 911. — Berg and. Nilss. *Skand. Fauna. tab.* 51. — Moretta grigia. Savi. *Orn. Tosc. vol.* 3, *p.* 129.

CANARD MILOUIN. — *A. FERINA.*

Ajoutez aux synonymes :

Atlas du Manuel, *pl. lithog.* — Roux. *Orn. provenç. vol.* 2, *tab.* 371 et 372, *mâle et femelle.* — Moriglione. Savi. *Orn. Tosc. vol.* 3, *p.* 135. — Red-headed pochard. Selb. *Brit. Orn. vol.* 2, *p.* 847. — Gould. *Birds of Europ. part.* 17. — Die rothköpfige und rothbraunköpfige tafelmoorente. Brehm. *Vög. Deuts. p.* 919.

CANARD A IRIS BLANC ou NYROCA. — *A. LEUCO-PHTHALMOS.*

Ajoutez aux synonymes :

Atlas du Manuel, *pl. lithog.* — Anas nyroca. Roux. *Orn. provenç. vol.* 2, *tab.* 377 et 378, *mâle et femelle.* — Nyroca pochard. Selb. *Brit. Orn. vol.* 2, *p.* 352. — Gould. *Birds of Europ. part.* 5, *mâle et femelle.* — Die östliche, und nordische weissaugigemoorente. Brehm. *Vög. Deuts. p.* 917. — Faber. *Prodrom. Island. Orn. p.* 72. — Moretta tabaccata. Savi. *Orn. Tosc. vol.* 3, *p.* 138.

CANARD MORILLON. — *A. FULIGULA.*

Ajoutez aux synonymes :

Atlas du Manuel, pl. lithog. — Roux. *Orn. provenç.* vol. 2, *tab.* 375 et 376 , *mâle et femelle.* — Moretta Turca. Savi. *Orn. Tosc. vol.* 3, *p.* 131. — Tufted pochard. Selb. *Brit. Orn. vol.* 2 , *p.* 357. — Gould. *Birds of Europ. part.* 12.— Die breitschnablige und schmalschnablige Reihermoorente. Brehm. *Vög. Deut. p.* 915. — Hager-and. Nilss. *Skand. Fauna. tab.* 59, *femelle.*

Habite. Les sujets du Japon ne diffèrent point de ceux qu'on trouve en Europe.

CANARD DE STELLER.

ANAS DISPAR (Gmel.).

Espace entre le bec et l'œil , et grande plaque occipitale d'un beau vert pistache; gorge , devant du cou, et une tache derrière les yeux d'un noir parfait; tout le reste de la tête et du haut du cou d'un blanc pur; à la partie inférieure du cou un large collier vert bouteille ; cette teinte un peu plus sombre est répandue sur les plumes du dos; partie thorachique , couvertures des ailes, et la plus grande portion des scapulaires d'un blanc pur ; les plus longues des scapulaires courbées en faucille ; ces plumes ont les barbes extérieures larges et d'un bleu noirâtre, lustré ; leurs barbes intérieures sont très-étroites et blanches ; poitrine et parties inférieures d'un beau roux jaunâtre, plus foncé vers l'abdomen ; il existe sur chaque côté de la poitrine une grande tache noire, ovoïde ; rémiges et pennes de la queue d'un brun noirâtre. Bec et pieds d'un gris noirâtre ; iris brun clair. Longueur, 17 à 18 pouces. *Le vieux mâle âgé de trois ans.*

La femelle et *le jeune mâle* ont la tête et le cou d'une teinte isabelle marquée de stries brunes ; dos noir à bordure des plumes rousse ; poitrine d'un brun foncé marbré de roux et de marron ; couvertures des ailes ardoise ; les plus grandes terminées de blanc ; cette couleur forme une bande transversale ; une seconde bande blanche est produite par la pointe extrême des secondaires ; l'espace entre ces deux bandes forme un miroir bleu à reflets d'acier poli ; les scapulaires sont un peu courbées à leur pointe, mais ne le sont pas, à beaucoup près, autant que dans le vieux mâle, qui les a courbées en faucille ; toutes les parties inférieures, les rémiges et la queue, sont d'un brun noirâtre.

ANAS DISPAR. *Mus. Carls. fasc.* 1, *tab.* 7 et 8.—Gmel.

Syst. 1, *p.* 518 et 585. — Lath. *Ind. Orn. vol.* 2, *p.* 866, *sp.* 83. — ANAS STELLERI. Pall. *Spic. vol.* 6, *p.* 35, *tab.* 5. — WESTERN DUCK. Penn. *Arct. Zool. vol.* 2, nº 497, *tab.* 23. — Lath. *Syn. vol.* 6, *p.* 532. — Id. *supp. p.* 275. — WESTERN POCHARD. Selb. *Brit. Orn. vol.* 2, *p.* 360. — Gould. *Birds of Europ. part.* 18, *le vieux mâle.* — STELLERS ENTE. Meyer. *Zusätz. Orn. Faschenb. p.* 229. — Nilss. *Orn. Suec. part.* 2, *p.* 518, nº 80.

Habite l'Asie et l'Amérique septentrionale ; visite les parties orientales du Nord de l'Europe, et s'égare quelquefois en Suède et en Allemagne, plus rarement en Angleterre.

Nourriture. Mollusques, coquillages et insectes marins.

Propagation. Niche au Kamtschatka sur les rochers inaccessibles.

Anatomie, inconnue.

CANARD HISTRION. — *A. HISTRIQNICA.*

Ajoutez aux synonymes :

Atlas du Manuel, pl. lithog. — HARLEQUIN GARROT. Selb. *Brit. Orn. vol.* 2, *p.* 371. — Gould. *Birds of Europ. part.* 4, *mâle et femelle.* — Faber. *Prodrom. Island. Orn. p.* 73. — Meyer. *Zusätz. Orn. Faschenb. Deuts. p.* 230, *description d'un jeune mâle.*

CANARD GARROT. — *A. CLANGULA.*

Ajoutez aux caractères de cette espèce : *point de bande noire sur le miroir de l'aile ; les plumes du front s'avancent en pointe sur la base du bec. La femelle toujours moins grande que le mâle.*

Ajoutez aux synonymes :

Atlas du Manuel, pl. lithog. — Roux. *Orn. provenç. vol.* 2, *tab.* 373 et 374, *mâle et femelle.* — QUATTR'OC-CHI. Savi. *Orn. Tosc. vol.* 3, *p.* 133.—GOLDENEYE GAR-ROT. Selb. *Brit. Orn. vol.* 2, *p.* 367.— Gould. *Birds of Europ. part.* 1, *mâle et femelle.* — DIE WEISS-SCHWARZ-BUNTE , WANDER und KURZSCHNABLIGE SCHELLENENTE. Brehm. *Vög. Deuts. p.* 927.—KNIPA. Nilss. *Skandinav. Fauna, tab.* 14 et 15, *mâle et femelle.*

Remarque. L'oiseau décrit et figuré par M. Eimbeck, et que Brehm indique sous le nom de SCHMALSCHNABLIGE SCHELLENTE , page 930, paraît être un individu hybride, fruit de l'accouplement d'un *Harle piette* (Mergus albellus) mâle , avec la femelle du *Canard garrot* (Anas clangula).

On prétend avoir trouvé une espèce nouvelle, dési-gnée par quelques naturalistes sous le nom de *Anas obesa*. Les individus qui m'ont été envoyés sous ce nom , ainsi que ceux en tout semblables tués sur nos côtes , sont des femelles de l'*Anas clangula*, ou du *Barowii*. On a cru que *la femelle* ou bien de *jeunes mâles* de cette dernière espèce pouvaient être *le mâle* du prétendu *obesa*.

Habite. Le canard garrot est exactement le même au Japon qu'en Europe.

CANARD DE BARROW.

ANAS BARROWII (Richards.).

Bec extrémement court, beaucoup plus large à la base que vers la pointe ; tarses et doigts orange ; peu de blanc sur l'aile, et le miroir portant une bande noire ; les plumes du front forment une ligne semi-circulaire sur la base du bec. Femelle moins grande.

A la base du bec un grand espace blanc en forme de croissant dont unepointe est dirigée vers le sinciput ; tête et partie supérieure du cou d'une teinte pourprée très-vive, avec des reflets verts au méat auditif ; front et menton d'un brun noirâtre ; dos, ailes et bordures des plumes des flancs noir velouté ; partie inférieure du cou, épaules, pointe des scapulaires extérieures, dernière rangée des petites couvertures, pointes des plus grandes, six pennes des secondaires et toutes les par-

ties inférieures d'un blanc pur; une bande noire
traversant le blanc des ailes; queue et ses couvertures inférieures latérales brunes. Bec noir;
iris blanc jaunâtre; pieds et doigts orange, mais
les membranes noires. Longueur, 19 à 20 pouces.
Le vieux mâle, à l'âge de trois ans.

La femelle, d'un quart plus petite que le mâle,
a la tête et le haut du cou brun-ombre, très-
foncé, sans marque blanche; manteau et dos
noirâtres, mais toutes les plumes bordées de cendré; un collier blanc pur entoure le milieu du
cou; flancs, côtés de la poitrine, et un large ceinturon sur le devant du cou d'un cendré très-
foncé, bordé de blanc; couvertures intermédiaires
des ailes maculées de blanc et de noir; grandes
couvertures blanches terminées d'une bande noire;
les secondaires comme chez le mâle. Les deux
mandibules du bec orange seulement vers la
pointe; leur base et le bout noirs; iris d'un blanc
jaunâtre. Pieds comme dans le mâle. *Description
empruntée de la Faune boréale d'Amérique par
Richardson.*

ANAS CLANGULA. Faber. *Prodrom. Island. Orn. p. 71,
sp.* 5. — CLANGULA SCAPULARIS. Brehm. *Vög. Deuts.*
p. 932, *sp.* 5.—CLANGULA BARROWII. Richards. *Faun.
Boreal. Amer.* p. 456, n° 216, *tab.* 70, *le vieux mâle.*—

PLATYPUS BARROWII. Reinh. *Fauna Groenl. p.* 21, *sp.* 8, *fig.* 3.—ROCKY MOUNTAIN GARROT. Richards.— BARROW'S DUCK. Gould. *Birds of Europ. part.* 16, *mâle.*—DIE GROSSE SCHELLENTE. Brehm. — On doit *probablement* classer ici l'indication très-succincte de ANAS ISLANDICA. Penn. *Arct. Zool. vol.* 2, *p.* 574. — Lath. *Ind. Orn. vol.* 2, *p.* 871, *sp.* 95.

Habite les régions arctiques d'Europe et d'Amérique ; assez abondant en Islande , sur les bords du lac Maytavan ; se trouve, selon Richardson , dans les contrées des montagnes rocheuses. Les vieux mâles émigrent d'Islande avant les femelles , et les jeunes de l'année assez longtemps après le départ des vieux.

Propagation. Place son nid sous les taillis , au bord des eaux ; selon M. Thienemann , sous les dais de rochers ; pond de douze à quatorze , le plus souvent seulement dix œufs , de la grandeur de ceux du *canard milouinan,* et d'une teinte verdâtre assez vive.

Anatomie, inconnue.

CANARD DE MICLON. — *A. GLACIALIS.*

La double mue produit des variétés nombreuses dans le plumage du mâle de cette espèce. En mai ils sont tous revêtus de la livrée d'été , et au milieu d'octobre tous ont pris la livrée d'hiver.

Ajoutez aux synonymes :

Atlas du Manuel, pl. lithog. — Faber. *Prodrom. Is-*

land. Orn. p. 70.—Harelda glacialis. Richards. *Faun. Boreal. Americ. p.* 460, n° 219.—Long-tailed harold. Selb. *Brit. Orn. vol.* 2, *p.* 363.—Gould. *Birds of Europ. part.* 7, *mâle et femelle.* — Die islandische, fabersche, grossschwanzige, kurzschwanzige, breitschnablige und kurzschnablige eisschellente. Brehm. *Vög. Deuts. p.* 933.—Eisente. Meyer. *Zusatz. Orn. Taschenb. p.* 226. — Moretta pezzata. Savi. *Orn. Tosc. vol.* 3, *p.* 140.

Habite très-avant sous les frimats polaires, qu'il ne quitte guère qu'au plus fort des hivers ; il visite alors les Orcades et les bords maritimes de l'Écosse ; se montre isolément sur les côtes de France. Les jeunes, dans leur première livrée, viennent en hiver jusque sur l'Adriatique. On voit à Naples, chez M. Morell, un jeune sujet tué dans les environs de cette ville.

Nourriture. Principalement *mytilus edulis ;* c'est sur les bancs où s'attachent ces bivalves qu'on le trouve habituellement ; il plonge à des profondeurs de six à huit brasses.

Propagation. Les œufs, au nombre de sept à dix, ne sont pas d'un blanc tacheté de bleuâtre, comme il est dit dans le Manuel, vol. 2, pag. 863, mais gris-blanc avec une nuance verdâtre.

CANARD COURONNÉ. — *A. LEUCOCEPHALA.*

Il est dit dans le Manuel, vol. 2, pag. 859,

que l'iris est jaune ; c'est une erreur, l'iris est toujours brun.

Ajoutez aux synonymes :

Atlas du Manuel, *pl. lithog.* — WHITE-HEADED DUCK. Gould. *Birds of Europ. part.* 11 , *vieux mâle.* — DIE WEISSKÖPFIGE MOORENTE. Brehm. *Vög. Deuts. p.* 909.— — GOBBO RUGINOSO. Savi. *Orn. Tosc. vol.* 3, *p.* 142.

Habite. On assure que l'espèce vit aussi au Japon , mais je n'en ai pas de preuve certaine.

On la trouve aussi en Sardaigne, mais elle n'y est pas nombreuse ; elle visite les étangs salés dans les environs de Cagliari. Elle plonge facilement et long-temps ; nageant presque toujours entre deux eaux, la tête seulement hors de la surface liquide.

Anatomie. La trachée du mâle, d'un diamètre égal jusqu'à la moitié de sa longueur , s'y dilate à ses bords latéraux en anneaux oblongs, déprimés et creusés en excavation, de manière que leurs centres antérieur et postérieur se touchent à peu près, et forment des deux côtés une cavité annelée , très-oblongue ; ensuite la trachée reprend sa forme ordinaire jusqu'au larynx inférieur , qui est osseux , d'une forme triangulaire et divisé intérieurement par une cloison.

GENRE QUATRE-VINGT-DIXIÈME.

HARLE. — *MERGUS.*

Caractères. Voyez *Manuel*, vol. 2, page 880.

GRAND HARLE. — *M. MERGANSER.*

Ajoutez aux synonymes :

Atlas du Manuel, *pl. lithog.* — Roux. *Orn. provenç.*
vol. 2, *tab.* 352 et 353.—Selb. *Brit. Orn. vol.* 2, *p.* 375.
—Gould. *Birds of Europ. part.* 1, *mâle et femelle.*— Richards. *Faun. Boreal. Americ. p.*461. — DER ISLANDI-
SCHE und NORDÖSTLICHE GANSESAGER. Brehm. *Vög. Deuts.*
p. 943. — SMERGO MAGGIORE. Savi. *Orn. Tosc. vol.* 3,
p. 122.—STIO SCHRAKEN. Nilss. *Skand. Fauna*, *tab.* 83,
la femelle.

Habite. L'espèce est exactement la même au Japon.

HARLE HUPPÉ. — *M. SERRATOR.*

Ajoutez aux synonymes :

Atlas du Manuel, *pl. lithog.* — Roux. *Orn. provenç.*
vol. 2, *tab.* 354. —Selb. *Brit. Orn. vol.* 2, *p.* 379.—
Gould. *Birds of Europ.*—Richards. *Faun. Boreal Ame-*
ric. p. 462. — DER HOCHKÖPFIGE und PLATTKÖPFIGE SA-

GER. Brehm. *Vög. Deuts. p.* 945. — SMERGO MINORE.
Savi. *Orn. Tosc. vol.* 3 , *p.* 120.

Habite. L'espèce est exactement la même au Japon.

HARLE COURONNÉ.

MERGUS CUCULLATUS (LINN.).

La tête surmontée d'une haute et ample huppe
demi-circulaire, composée d'une double rangée
de plumes; cette partie, ainsi que les joues, sont
d'un vert bronzé noirâtre, sur lequel est dessiné
un grand espace angulaire d'un blanc pur; cou,
dos, manteau, scapulaires et deux croissans sur
les parties latérales de la poitrine, d'un noir parfait; partie inférieure du cou, poitrine et ventre,
d'un blanc pur; flancs d'un brun roussâtre, vermiculé de zigzags noirs; ailes brunes, marquées
de quatre bandes noires et blanches; les plus
longues des grandes couvertures subulées, courbées, allongées, blanches et lisérées de noir; abdomen et queue ombré foncé. Bec rougeâtre; iris
couleur d'or; pieds et membranes couleur de
chair. Longueur, de 16 à 17 pouces. *Le vieux
mâle.*

La femelle n'a point de couronne ou huppe

demi-circulaire ; la petite huppe est composée de plumes filamenteuses d'un brun roussâtre terne ; joues et partie supérieure du cou brunâtres; partie inférieure du cou rayée de légères ondes blanchâtres; toutes les parties supérieures d'un brun ombre ; les ailes portent de légères traces des bandes blanches ; dessous du corps blanc ; flancs d'un brun clair ; bec et pieds d'une teinte plus pâle que dans le mâle.

Les jeunes mâles n'ont point ou fort peu de huppe; le plumage des parties supérieures est brun-ombre, ou plus ou moins noirâtre ; les bandes des ailes faiblement prononcées ; point d'espace triangulaire derrière les yeux , ni de croissans noirs aux parties latérales de la poitrine ; gorge blanchâtre; bec d'un rouge noirâtre. C'est alors MERGUS FUSCUS. Penn. *Arct. Zool. vol.* 2, *pag.* 74. *Supp.* — Lath. *Ind. Orn. vol.* 2 , *pag.* 832, *Sp.* 7.

MERGUS CUCULLATUS. Linn. *Syst.* 1, *p.* 207. — Gmel. *Syst.* 1, *p.* 544. — Briss. *Orn. vol.* 6, *p.* 258. — LE HARLE COURONNÉ. Buff. *Ois. vol.* 8, *p.* 280.—Id. *pl. enl.* 935 *et* 936, *mâle et femelle.* — *Atlas du Manuel, pl. lithog.* — HOODED MERGANSER. Lath. *Syn. vol.* 6, *p.* 426 *et pl.* 101, *le mâle.* — Penn. *Arct. zool. vol.* 2, *n°* 467. — Richards. *Fauna boreal Amer. p.* 463. — Selb.

Brit. Orn. vol. 2 , *p.* 383. — Gould. *Birds of Europ.*
part. 2, *mâle et femelle.* — Wils. *Americ. orn. vol.* 8 ,
pl. 69 , *fig.* 1 , *le mâle.* — Round crested duck. *Cat.*
Car. vol. 1, *p.* 94. — Edw. *Glaen. tab.* 360. ,

Habite les parties septentrionales d'Amérique, d'où il
s'égare très-accidentellement vers nos régions ; quelques
individus ont été tués en Angleterre, et l'on en cite un
exemple en France.

Nourriture, propagation et *anatomie*, inconnues.

HARLE PIETTE. — *M. ALBELLUS.*

Ajoutez aux synonymes :

Atlas du Manuel, pl. lithog. — Roux. *Orn. provenç.*
vol. 2, *tab.* 355 *et* 356.—Selb. *Brit. Orn. vol.* 2, *p.* 385.
— Gould. *Birds of Europ. part.* 1. — Der grosse und
kleine weisse sager. Brehm. *Vög. Deuts. p.* 941. —
Pesciajola. Savi. *Orn. Tosc. vol.* 3 , *p.* 118.

Habite. L'espèce est exactement la même au Japon.

GENRE QUATRE-VINGT-ONZIÈME.

PÉLICAN — *PELECANUS*.

Caractères. Voyez *Manuel*, vol. 2, page 889.

PÉLICAN BLANC. — *P. ONOCROTALUS*.

Une grande nudité livide autour des yeux, et cette nudité large à la base du bec, où les plumes du front forment une pointe. Tarses longs; pieds livides; plumage géneralement rose.

A joutez aux synonymes :

Atlas du Manuel, pl. lithog. — Roux. *Orn. provenç.* *vol.* 2, *tab.* 342, *le jeune.* — Brandt. *Anim. rossic. nov. icones, fasc.* 1, *tab.* 5. — Richards. *Faun. boreal Am.* *p.* 472, *sp.* 230. — PELICAN. Gould. *Birds of Europ. part.* 12.—EUROPAISCHE KROPFGANS. Brehm. *Vög. Deuts.* *p.* 824. — PELLICANO. Savi. *Orn. Tosc. vol.* 3, *p.* 99.

Habite la Dalmatie, où l'espèce suivante se trouve également. Les sujets reçus du Japon ne diffèrent point de ceux d'Europe.

PÉLICAN FRISÉ.

PELECANUS CRISPUS (Bruch).

*Une petite nudité rougeâtre autour des yeux,
et cette nudité très-étroite vers la base du bec ;
plumes du front en double feston. Tarses courts ;
pieds noirâtres ; plumage généralement blanc
argentin.*

Une ample coiffure de longues plumes d'un
blanc ou d'un gris argentin, un peu contournées, soyeuses et lâches, orne l'occiput et la
nuque ; toutes les plumes de la tête et du cou
sont étroites, filamenteuses et plus ou moins
contournées ; celles de la poitrine sont droites,
lustrées, subulées et d'un jaunâtre clair ; le ventre et l'abdomen, également couverts de plumes
subulées, sont d'un blanc grisâtre ; toutes les parties supérieures, ainsi que les ailes, sont couvertes
de plumes allongées blanches, dont les baguettes
ont une teinte noirâtre ; la queue est d'un blanc
argentin, à baguettes noirâtres ; les rémiges sont
noires à base d'un gris argentin ; cette teinte revêt aussi l'extrémité des pennes secondaires, qui
sont blanches. L'œil est entouré d'une peau nue
d'un rouge jaunâtre, dont la teinte devient bleuâ-

tre vers le bec ; mandibule supérieure grise, maculée de bleu et de rouge. Poche gutturale orange plus ou moins varié de gris jaunâtre ; on voit de chaque côté de cette poche une grande tache cendrée. Pieds cendrés ; iris d'un jaune clair. Longueur totale, 5 pieds 8 à 10 pouces. Longueur du bec, 1 pied 3 pouces et demi ; tarse, 3 pouces et demi. *Les deux sexes à l'état adulte.*

Les jeunes n'ont point de huppe ; la poche est grisâtre plus ou moins ondée de jaunâtre ; leur plumage est gris mêlé de brun clair.

PELECANUS CRISPUS. Bruch. *Isis*, 1832, *p.* 1109. — Brandt. *Animal. Rossic. nov. Icon., fascic.* 1, *tab.* 6, *figure très – exacte.* — PELECANUS ONOCROTALUS ORIENTALIS. Linn. *Ed.* 12, *p.* 215. — Pall. *Zoograph. Rosso-Asiat. vol.* 2, *p.* 292, *avec quelques synonymes propres à l'espèce précédente.* — OISEAU BABBE. Lebrun. *Voy. p.* 409, *avec figure grossière, mais reconnaissable.*

Habite. On trouve cette espèce pendant l'hiver et durant sa migration sur la mer Caspienne ; mais elle s'y montre rarement en été ; elle a aussi été trouvée sur le Jaik et l'Oural. M. le colonel de Feldegg, qui a vu et tué un grand nombre de ces pélicans en Dalmatie, nous dit qu'on le voit assez communément par troupes de quatre jusqu'à dix individus qui chassent ensemble. Leur passage en Dalmatie a lieu au printemps et en automne. Ils ne sont nulle part plus abondans que dans le voisinage du fort Opus, sur le fleuve Nazonta, où se trouvent des marais très-étendus. On le dit fort rusé et difficile à approcher à portée de fusil. L'espèce fait aussi partie de la faune de la Grèce, on la dit très-commune dans ce pays; il est même probable qu'il est fait mention de cette espèce, nouvelle pour nous, chez tous les auteurs de la Grèce ancienne.

Nourriture et *propagation* inconnues.

GENRE QUATRE-VINGT-DOUZIÈME.

CORMORAN. — *CARBO*.

Caractères. Voyez *Manuel*, vol. 2, page 893.

Dans leur migration, ils voyagent le plus souvent en volant sur une ligne, et à la file les uns des autres.

GRAND CORMORAN. — *C. CORMORANUS*.

Le nombre des pennes caudales n'est pas un indice pouvant servir de caractère distinctif de l'espèce; leur nombre, à l'état normal, est à la vérité de 14, mais nous avons vu des individus ayant seulement 12 pennes, et plus rarement portant 16 rectrices.

Une variété, qui habite les côtes maritimes,
a été observée par MM. Hardy et Cantraine. Le
bec est plus gros, ayant jusqu'à 12 et 13 lignes
d'épaisseur; leur longueur totale va jusqu'à 35
pouces; les jeunes ont plus de blanc aux parties
inférieures. Le premier de ces naturalistes a observé ces oiseaux sur les côtes de France, et l'autre sur celles des îles de la mer Méditerranée. On
doit attribuer cette légère différence de la taille,
ainsi que le remarque M. Hardy, à l'abondance
et surtout à la qualité de leur nourriture; le poisson de mer contenant plus de parties substan-
tielles que celui de rivière, dont l'espèce est dans
l'habitude de faire usage.

Ajout z aux synonymes :

Atlas du Manuel , *pl. lithog.* —Roux. *Orn. provenç.*
vol. 2, *p.* 341. — Faber. *Prodrom. Island. orn. p.* 53.
— Phalacrocorax carbo. Selb. *Brit. orn. vol.* 2 ,
p. 446. — Gould. *Birds of Europ.* — Die kormoran,
riss, baum, und kleine scharbe. Brehm. *Vög. Deuts.*
pag. 816. — Marangone. Savi. *Orn. Tosc. vol.* 3 ,
pag. 103.

Habite. Commun en Sardaigne, où il vit dans les mêmes
localités que le *Comor an Desmarest*. Quoique l'espèce
du Japon diffère bien peu de celle de nos climats, elle
est toutefois différente ; sa taille est aussi beaucoup
plus forte. Nous avons reçu du continent de l'Inde un

individu en tout point semblable à notre espèce ; elle est commune sur quelques parties du Gange , mais on ne la voit pas dans les îles de la Sonde.

CORMORAN NIGAUD. — *C. GRACULUS.*

Remarque. J'espère qu'on est maintenant convaincu que je n'ai pas pris le *Carbo graculus* pour l'espèce du *Carbo cristatus* de Faber, comme plusieurs naturalistes , ainsi que M. Faber lui-même , le présument.

Ajoutez aux synonymes :

Atlas du Manuel , pl. lithog. — Gould. *Birds of Europ. part.* 10, *livrée à peu près parfaite de parade,* sont les seuls que l'on puisse citer, car le *Carbo graculus* de Brehm est un *Carbo cristatus*, affublé d'une partie des caractères spécifiques de notre *Graculus.*

Habite. Je ne crois pas qu'il habite très-avant dans le nord ; sa véritable patrie est l'Amérique.

CORMORAN LARGUP. — *C. CRISTATUS.*

Ajoutez aux synonymes :

Cormoran largup. Temm. et Laug. *pl. col. d'ois. pl.* 322, *la livrée parfaite de parade.*—Gould. *Birds of Europ. part.* 10, *en livrée de parade, et le jeune de l'année.* — Graba. *Reise. nach Färö. p.* 152. — Carbo graculus. Faber. *Prodrom. Island. orn. p.* 53, où cet auteur prétend que son *Cristatus* est identique avec mon *Graculus,* et serait la livrée d'hiver de cette espèce; cependant j'avais décrit exactement la livrée d'hiver du *Cristatus*. —CRESTED SCHEG, ORGREON CORMORANT. Selb. *Brit. Orn. vol.* 2, *p.* 450. — DIE KRAHEN und KURZSCHWANZIGE SCHARBE. Brehm. *Vög. Deuts. p.* 820.—MARANGONE LARGUP. Savi. *Orn. Tosc. vol.* 3, *p.* 106.

Habite non seulement aux Orcades et en Islande, mais encore à Féroë. L'espèce du Japon, qui ressemble sous certains rapports au *Cristatus* d'Europe, en diffère nonobstant essentiellement; spécialement par la forme très-grêle du bec, par les couleurs du plumage et par la forme totalement différente de la huppe.

CARBO DESMARESTII, nommé ainsi par M. Peyrodeau, et qui vit sur la Méditerranée, nous a paru jusqu'ici former une espèce distincte du *Cristatus* des mers du Nord; mais depuis que nous avons reçu un bon nombre de ces cormorans du Midi, aussi bien à l'état adulte que dans l'âge intermédiaire, et que nous les avons soigneusement comparés avec un grand nombre de sujets, tant de Féroë que d'Islande, tant des Orcades que des individus originaires des côtes maritimes de la mer du Nord, nous avons acquis la certitude que ces deux espèces de nom n'en font qu'une seule et même de fait, sans qu'il soit possible de signaler une seule disparité constante; on a dit que le *Desmarest* a le bec plus long, mais dans le grand nombre des *Largups* d'Islande et de Féroë, il s'en est trouvé deux à bec exactement aussi long et aussi grêle ; le plumage n'offre aucune distinction, et les vieux, en livrée de parade, ont une huppe tout aussi développée dans les uns que dans les autres ; la comparaison à l'état intermédiaire, et lorsque les sujets ne portent pas de huppe, fournit exactement les mêmes résultats ; seulement il paraît que les jeunes de l'année, de ceux tués dans le Midi de l'Europe, ont le blanc des parties inférieures plus pur. On ne pourrait en former qu'une espèce à la manière de Brehm, et pour qu'on pût constater la différence, il faudrait se munir d'une mesure en millimètres, et y regarder de bien près à la loupe pour trouver les minuties qu'on se propose de signaler comme caractères différentiels. Au reste, rien ne s'oppose à réunir ainsi les sujets du Nord et ceux du Midi dans l'espèce du *Carbo cristatus*, puisque l'expérience nous montre clairement que le *Carbo cormoranus* vit non seulement dans le Nord et dans le Midi de l'Europe, mais qu'il s'est établi jusque dans l'Inde, d'où nous avons reçu des individus qui ont été tués sur le Gange. Nous ne citons que ce seul exemple, vu qu'il a rapport au genre.

Voici ce que M. Cantraine nous marque sur ce

cormoran. Sa longueur est de 24 à 25 pouces ; poche gutturale jaune ; pieds jaunâtres fortement lavés de noir , le plus souvent le noir domine ; iris vert de bouteille ; il se nourrit principalement du *Sparus boops ;* j'en ai tué à Oligastra, à Cantelia et dans le détroit de Bonifacio. Ils se trouvent toujours sur les rochers à fleur d'eau , je n'en vis jamais plus de quatre réunis ; le *Carbo cormoranus* vit dans les mêmes localités, mais il perche plus haut sur les rochers. Les individus portant la huppe ont été tués en octobre ; passé cette époque , je n'en vis plus avec des huppes.

CORMORAN PYGMÉE. — *C. PYGMÆUS.*

Ajoutez aux synonymes :

Atlas du Manuel, pl. lithog. — Savigny. *Grand. Ouv. des Ois. d'Egypte, pl.* 8, *fig.* 1. — Gould. *Birds of Europ. part.* 17 , *individu adulte , prenant la livrée de parade.* —C'est probablement le Carbo subcormoranus de Brehm. *Vög. Deuts. p.* 819 ?

GENRE QUATRE-VINGT-TREIZIÈME.

FOU. — *SULA.*

Caractères. Voyez *Manuel*, vol. 2, page 904.

FOU DE BASSAN. — *S. BASSANA.*

Que les individus aient 10 ou 12 pennes caudales, ils n'en sont pas moins de la même espèce, car ces disparités sont purement individuelles.

Ajoutez aux synonymes :

Atlas du Manuel, pl. lithog. — Roux. *Orn. provenç.* *vol.* 2, *pl.* 343.—Solan gannet. Selb. *Brit. orn. vol.* 2, p. 455. — Gould. *Birds of Europ. part.* 17, *vieux en livrée parfaite, et jeune.* — Der grosse und bassanische Tölpel. Brehm. *Vög. Deuts. p.* 812.

Remarque. L'espèce qui se trouve en Afrique est différente.

Le Fou a queue noire (*Sula melanura*), envoyé comme espèce distincte d'Islande, ou plutôt dont on a voulu faire une espèce nouvelle, ne me paraît être basé, dans le fait, que sur des sujets dont la mue a été retardée partiellement. J'ai lieu de croire que ce sont des jeunes revêtus de leur première livrée propre à l'état adulte, mais dont la mue ne s'est pas étendue encore à la chute des pennes caudales, et que ces individus conservent de leur livrée du jeune âge cette queue à pennes noires ou noirâtres. Je ne vois pas comment expliquer ce fait d'une autre manière ; car toutes les formes et le reste du plumage de ces *fous à queue noire* ne diffèrent en rien du type de l'espèce commune. Au reste, s'il était certain que ce fou à queue noire formât une espèce distincte du *fou commun*, son existence, en Islande, aurait été connue, non seulement des nombreux naturalistes européens qui ont visité cette île, mais elle ne serait pas demeurée étrangère aux Islandais eux-même, qui cultivent avec assiduité l'étude des productions de leur pays.

M. Gould a figuré, dans la *seizième livr. Birds of Europ.*, le sujet que je lui ai adressé ; ce naturaliste éprouve également quelque scrupule à l'admettre comme espèce distincte.

Remarque. Je crois avoir vu, dans une grande collection d'oiseaux faite au Cap de Bonne-Espérance, quelques individus à queue noire, mais j'ai négligé dans le temps de les comparer à notre espèce commune.

GENRE QUATRE-VINGT-QUA-TORZIÈME.

PLONGEON. — *COLYMBUS.*

Caractères. Voyez *Manuel*, vol. 2, page 908.

Il a été dit à l'article cité que la mue n'a lieu qu'une fois dans l'année ; c'est une erreur, leur mue est double.

PLONGEON IMBRIM.— *C. GLACIALIS.*

Ajoutez aux synonymes :

Atlas du Manuel, pl. lithog.—Selby. *Brit. Orn. vol.* 2, *p.* 406. — Gould. *Birds of Europ. part.* 13. — Richards. *Fauna Boreal. Americ. p.* 474. — Faber. *Prodrom. Island. Orn. p.* 57. — DER ISLANDISCHE, RIESEN und WINTERTAUCHER. Brehm. *Vög. Deuts. p.* 970. — STROLAGA MAGGIORE. Savi. *Orn. Tosc. vol.* 3, *p.* 26.

Habite. Commun en Islande, mais nulle part plus abondant qu'aux Orcades.

PLONGEON LUMME. — *C. ARCTICUS.*

Ajoutez aux synonymes :

Atlas du Manuel, pl. lithog. — Selb. *Brit. Orn.*

vol. 2, *p.* 411. — Gould. *Birds of Europ.* — Richards. *Faun. Bor. Americ. p.* 475. — DER GROSSE, LANG-SCHNABLIGE und OSTSEETAUCHER. Brehm. *Vög. Deuts.* *p.* 973. — STROLAGA MEZZANA. Savi. *Orn. Tosc. vol.* 3 , *p.* 28. — Roux. *Ornit. provenç. vol.* 2 , *tab.* 350 , *jeune de l'année.*

Habite. Cette espèce ne paraît pas pénétrer aussi loin vers le Nord que la précédente ni la suivante ; on ne la trouve pas en Islande : elle est exactement la même au Japon.

PLONGEON CAT-MARIN. — *C. SEPTEN-TRIONALIS.*

Ajoutez aux synonymes :

Atlas du Manuel , pl. lithog. — Roux. *Orn. provenç. vol.* 2, *tab.* 351. — Selb. *Brit. Orn. vol.* 2, *p.* 414. — Gould. *Birds of Europ.*—Richards. *Faun. Boreal. Americ. p.* 476. —COLYMBUS RUFOGULARIS. Faber. *Prodrom. Island. Orn. p.* 59. — DER NÖRDLICHE, NORDÖSTLICHE, und NORDWESTLICHE TAUCHER. Brehm. *Vög. Deuts. p.* 977. —STROLAGA PICCOLA. Savi. *Orn. Tosc. vol.* 3, *p.* 30.

Habite. Commun en Islande ; niché en grand nombre en Norwége sur les îles Loffodes. Commun au Japon, où l'espèce est exactement la même qu'en Europe.

GENRE QUATRE-VINGT-QUINZIÈME.

GUILLEMOT. — *URIA*.

Caractères. Voyez *Manuel*, vol. 2, page 919.

PREMIÈRE SECTION.

A. Le bec plus long que la tête.

GUILLEMOT A CAPUCHON.—*U. TROILE.*

Une autre variété a tout le corps brun absolument de la même teinte que la gorge des individus en livrée d'été.

Ajoutez aux synonymes :

Atlas du Manuel, *pl. lithog.*—Selb. *Brit. Orn. vol.* 2, p. 420. —Richards. *Faun. Boreal. Amer. p.* 477, *sp.* 235. —Faber. *Prodrom. Island. Orn. p.* 42. — Gould. *Birds of Europ. part.* 9. — DIE DUMME und NORWEGISCHE LUMME. Brehm. *Vög. Deuts. p.* 981. — STILL–GRISTA. Nilss. *Skand. Faun. vol.* 2, *tab.* 92, *plumage d'hiver.*

Propagation. La couleur des œufs et les dessins des taches varient considérablement, presque individuellement, mais le fond est le plus souvent d'un beau vert, plus foncé que ne l'est celui du fond des œufs du *Guillemot à gros bec.*

Guillemot bridé (*Uria lacrymans*), sommet de la tête, espace entre l'œil et le bec, une
bande longitudinale derrière les yeux, et toutes les parties supérieures, d'un noir très-dé-
cidé ; toutes les parties inférieures et l'extrémité
des pennes secondaires d'un blanc pur ; on voit
aussi du blanc entre la bande derrière les yeux
et le noir de la nuque ; il s'étend vers l'occiput,
où cette teinte forme un angle ouvert ; de petites
plumes blanches, effilées et très-serrées, forment
cercle autour des yeux, et une raie étroite se dirige en arrière, en passant un peu au-delà des
tempes ; la teinte noire de la partie latérale du
cou forme vers la poitrine un collier faiblement
indiqué par du cendré noirâtre ; mèches des
flancs très-prononcées, bec d'un noir cendré ;
intérieur de la bouche jaune ; iris brun ; pieds
d'un brun jaunâtre. Longueur de 15 à 16 pouces. *Les vieux des deux sexes en plumage
d'hiver.*

Cette race ou espèce n'était pas connue sous
cette livrée : celle des jeunes n'a pas encore été
observée ; peut-être diffère-t-elle alors très-peu
des jeunes de notre Guillemot indiqué sous le
nom de *Uriatroile.*

Plumage d'été ou des noces.

Tête, joues et partie supérieure du devant du cou d'une teinte brune enfumée ; le reste des parties supérieures d'un noir parfait ; le cercle blanc autour des yeux, et la ligne lacrymale à la partie postérieure de cet organe très-fortement marqués sur le plumage foncé de la tête. Les mèches des flancs très-grandes et marquantes.

Voyez le Voy. pittoresque autour du monde, par Choris, pl. 23, *plumage parfait d'été.* — U. TROILE LEUCOPHTAL- MOS. Faber. *Prodrom. Island. Orn.* — Brunn. *Orn. Bo- real. p.* 23 , *sp.* 111. — DIE WEISSGERINGELTE LUMME Brehm. *Vög. Deuts. p.* 982.

Remarque. M. Graba , dans son voyage à Féroë , page 106 , dit , en parlant du grand nombre de ces oiseaux qui nichent sur les rochers des îles mentionnées , que *Uria Sabinii* (sans doute notre *Brunnichii*) ne se voit point à Féroë ; par contre , les deux races *Troile* et *Lacrymans* y sont des plus communes ; c'est leur véritable patrie. On y voit très-souvent les deux races nichant ensemble , de façon que l'on peut poser en fait que, sur cinq couples , on en voit un composé d'individus de ces deux races. C'est à Féroë que le *Lacrymans* abonde ; il est rare, ou on le voit accidentellement ailleurs. M. Graba a acquis la preuve certaine que ce *Lacrymans* n'est pas un *Troile* très-vieux ; c'est moins encore une différence sexuelle ; ce ne peut être non plus une variété locale ou de climat, vu que les deux races se trouvent réunies et souvent accouplées dans les îles d'un même groupe.

Habite. M. de la Pylaie a rapporté plusieurs individus des bancs de Terre-Neuve ; les pêcheurs baleiniers du Nord en rapportent quelquefois , mais on ne saurait dire où ils en font la capture. M. de Lamotte d'Abbeville possède deux individus tués sur les côtes de Picardie ; l'un de ces sujets est en plumage d'hiver.

Nourriture. Comme l'espèce précédente.

Propagation. Niche comme la précédente et la suivante, et dans les mêmes localités. La couleur du fond des œufs est d'un jaune verdâtre , marbré de beaucoup de lignes et de zigzags noirs très-rapprochés.

GUILLEMOT A GROS BEC. — *U. BRUNNICHII.*

La livrée d'hiver, que l'oiseau revêt en août , est blanche sur toutes les parties du cou. *Les jeunes* prennent en mars leur première livrée d'été.

Ajoutez aux synonymes :

Atlas du Manuel , pl. lithog. — Faber. *Prodrom. Island. Orn. p.* 41. — Richards. *Faun. boreal. Americ. p.* 477. — ALCA PICA. Fabricius. *Faun. Groënland.* — Gmel. *Syst.* 1, *p.* 551. — Gould. *Birds of Europ.* — DIE BRUNNICH'SCHE und POLARLUMME. Brehm. *Vög. Deuts. p.* 984.

Propagation. Niche comme les précédentes; la couleur du fond des œufs est d'un vert très-clair marqué d'un petit nombre de taches noirâtres.

Remarque. MM. Faber et Graba, qui ont séjourné en Islande et à Féroë, assurent que le *Guillemot bridé* et celui *à gros bec* ne sont que des variétés du *Guillemot à capuchon* (Uria troile). Je suis très-porté à admettre leur opinion, basée sur des observations faites sur les lieux par des juges compétens. Toutefois, il se pourrait que ces races voisines fussent mêlées et confondues exactement par les mêmes causes et de la même manière que celles des *Corvus corax* et *leucophœus; Cornix* et *Corone; Monedula* et *Spermogulus; Fringilla domestica* et *cisalpina*, etc.

M. Thienemann, qui a également parcouru l'Islande et le Nord, dans le but d'étudier les productions de ces contrées, est d'avis que ces oiseaux forment trois espèces distinctes; il indique même des différences constantes dans la couleur des œufs. — Il paraît que des individus isolés s'égarent vers le midi; un jeune sujet, tué dans les environs de Naples, y fait partie d'une collection ornithologique.

GUILLEMOT A MIROIR BLANC. — *U. GRYLLE*.

Ajoutez aux synonymes :

Atlas du Manuel, pl. lithog. — Faber. *Prodrom. Island. Orn. p.* 39. — Graba. *Reise nache Färö. p.* 37. — Richards. *Fauna boreal Americ. p.* 478, *sp.* 237. — Selb. *Brit. Orn. vol.* 2, *p.* 426. — Gould. *Birds of Europ. part.* 15. — DIE NORDEUROPAISCHE, LANGSCHNABLIGE, MEISSNERS, THROISCHE und EISGRYLLUMME. Brehm. *Vög. Deuts. p.* 987.

Remarque. M. Graba , dans son voyage à Féroë ,
p. 30, dit : « M. Brehm a formé quatre espèces distinc-
» tes de celle connue sous *Uria grylle.* J'ai comparé soi-
» gneusement des individus tués à Féroë, au Groënland,
» en Islande et sur les côtes de Norwége , sans pouvoir
» trouver les distinctions spécifiques signalées par
» M. Brehm. Au reste , dans le grand nombre d'indivi-
» dus tués à Féroë , j'en ai vu peu se ressembler stricte-
» ment ; de neuf individus abattus le même jour , il ne
» s'en est pas trouvé deux exactement pareils. »

DEUXIÈME SECTION.

B. Le bec plus court que la tête.

GUILLEMOT NAIN. — *U. ALLE.*

Ajoutez aux synonymes :

Atlas du Manuel , *pl. lithog.* — Faber. *Prodrom. Island. Orn. p.* 44. — Richards. *Faun. boreal Americ.
p.* 479 , *sp.* 238. — COMMON NOTCHE (Mergulus melano-
leucos). Selb. *Brit. Orn. vol.* 2 , *p.* 430. — Gould. *Birds
of Europ. part.* 4, *plumage d'été et d'hiver.* —DER PLATT-
SCHEITLICHE und HOCHSCHEITLICHE KRABBENTAUCHER.
Brehm. *Vög. Deuts. p.* 993.— GRÖNLANDS DUFVA. Nilss.
Skand Fauna, tab. 78 , *en livrée d'hiver.*

GENRE QUATRE-VINGT-SEIZIÈME.

MACAREUX. — *MORMON.*

Caractères. Voyez *Manuel*, vol. 2, pag. 931.

MACAREUX GLACIAL.

MORMON GLACIALIS (LEACH).

Le puissant bec coloré d'une seule teinte ; la grande rosace à l'angle de la bouche ; des nudités oblongues et grandes au dessus et derrière l'orbite, joints à des dimensions plus fortes, servent de moyen pour distinguer cette espèce de la suivante.

Sommet de la tête et occiput d'un brun clair nuancé de teinte lie de vin; un large collier qui ceint le devant du cou, la nuque et toutes les autres parties supérieures d'un noirâtre légèrement nuancé de bleu; toute la région des côtés de la tête et depuis le cou, toutes les autres parties inférieures, d'un blanc pur; rémiges brunes liserées de brun plus clair; bec totalement d'un orange rougeâtre; rosace à l'angle du bec jaune d'ocre; iris et nudités lisses au-dessus des yeux d'un beau gris ; pieds oranges, mais les membranes plus pâles. Longueur , depuis la pointe du bec jusqu'aux ongles de 13 à 14 pouces, même, quoique rarement, de 6 lignes de plus. *Les deux sexes dans les deux livrées.*

MORMON GLACIALIS. Leach.—NORTHERN PUFFIN. Gould. *Birds of Europ. part.* 21. — DER EISLARVENTAUCHER. Brehm. *Vög. Deuts. p.* 998. — *Atlas du Manuel, pl. lithog.*

Habite jusqu'aux limites des glaces du pôle arctique , dont il ne s'éloigne que très-rarement ; commun au Spitzberg et au Kamtschatka ; on le trouve aussi sur les côtes septentrionales de la Laponie et de la Russie, ainsi qu'aux îles Krafto et Kurilles.

Nourriture. Principalement des crustacés.

Propagation. Comme l'espèce suivante ; mais la couleur des œufs encore indéterminée.

MACAREUX MOINE. — M. FRATERCULA.

Ajoutez aux synonymes :

Atlas du Manuel, pl. lithog. — Faber. *Prodrom. Island. Orn. p.* 29. — Graba. *Reise nach. Farö.* — Gould. *Birds of Europ. part.* 2. — FRATERCULA ARCTICA. Selb. *Brit. Orn. vol.* 2, *p.* 439. — DER POLAR und GRABA's

LARVENTAUCHER. Brehm. *Vög. Deust. p.* 999. — POLCI-
NELLA DI MARE. Savi. *Orn. Tosc. vol.* 3, *p.* 25.

mmmmmm

GENRE QUATRE-VINGT-DIX-SEPTIÈME.

PINGOUIN. — *ALCA*.

Caractères. Voyez *Manuel,* vol. 2, pag. 935.

PINGOUIN MACROPTÈRE. — *A. TORDA*.

Remarque. Il convient de rayer des synonymes four-
nis, Manuel, page 937, ALCA PICA de Gmel. *Syst.* 1,
p. 551. Cette indication est synonyme de l'espèce décrite par O. Fabricius, *Fauna Groënl.;* l'une et l'autre
doivent être rangées sous URIA BRUNICHII de ce Manuel.

Ajoutez aux synonymes :

Atlas du Manuel, *pl. lithog.* — Faber, *Pro-
drom. Island. Orn. p.* 46.—Selb. *Brit. orn.* vol. 2, p. 435.
—Gould. *Birds of Europ. part.* 12.—Graba. *Reise nach.
Farö*, *p.* 102, où l'on peut voir quel cas il faut faire des
nombreuses espèces que M. Brehm veut établir. — DER
OSTLICHE, TORD, EIS und ISLANDISCHE ALK. Brehm. *Vög.
Deuts. p.* 1002.—GAZZA MARINA. Savi. *Orn. Tosc. vol.* 3,
p. 32.

PINGOUIN BRACHYPTÈRE. —*A. IMPENNIS*.

Ajoutez aux synonymes :

Atlas du Manuel, *pl. lithog.* — Faber. *Prodrom. Is-land. Orn. p.* 48.—Selb. *Brit. Orn. vol.* 2, *p.* 433. — Gould. *Birds of Europ. part.* 13.

Cette espèce devient de plus en plus rare , même dans les lieux où on la trouvait encore en assez grand nombre il y a seulement peu d'années.

FIN DE LA QUATRIÈME PARTIE.

APPENDICE

A LA TROISIÈME PARTIE.

APPENDICE

A LA TROISIÈME PARTIE.

ORDRE PREMIER. — *RAPACES.*

GENRE PREMIER. — *VAUTOUR.*

VAUTOUR ORICOU (*).

VULTUR AURICULARIS (Daud.).

Ce rapace, le plus puissant des vautours connus, a le bec vigoureux, élevé, fortement courbé.
Il se distingue par sa fraise composée de plumes
courtes et arrondies ; par les plumes du ventre,
très-longues, acuminées, courbées, et qui recouvrent mal un duvet d'un blanc pur ; enfin par
les cuisses qui sont pourvues seulement de ce
duvet sans être couvertes de plumes. Il est
muni, dans un âge avancé, d'un repli de la
peau ou fanon, s'étendant de l'orifice des oreilles jusque vers la moitié de la partie nue du

---

(*) A classer avant le *Vautour arrian*, vol. 3 , p. 2.

cou. Plumage brun couleur de suie; longues plumes du ventre brunes, bordées de brun plus foncé; duvet blanc; cuisses brunes. *Les vieux* ont le bec jaune d'ocre, et la nudité couleur de chair. *Les jeunes*, à bec noir et nudité cendrée. Longueur totale, plus de 4 pieds. *L'adulte des deux sexes.*

Les jeunes de l'année ont la livrée d'un brun clair, toutes les plumes sont bordées d'une teinte roussâtre; celles de la poitrine et du ventre ne sont point contournées en lame de sabre, et sa tête et son cou sont entièrement couverts d'un fin duvet très-touffu.

VULTUR AURICULARIS. Daudin. *Orn. vol.* 2, *p.* 10. — Lath. *Ind. Orn. supp. vol.* 2, *p.* 1, *sp.* 1. — VAUTOUR ORICOU. Vieill. *Ois. d'Af. vol.* 1. *p.* 36, *pl.* 9. — VAUTOUR ÆGYPIUS. Savig. *Grand. ouv. d'Egyp. Atlas, tab.* 11, *figure d'un jeune à l'âge moyen.* — ORICOU OU ÆGYPIUS. Temm. *pl. col. vol.* 1, *pl.* 407, *femelle ou jeune encore dépourvu de l'appendice aux oreilles.* — SOCIABLE VULTURE. Lath. *Syn. sup. vol.* 2, *p.* 11.

Habite toute l'Afrique, se trouve en Grèce, particulièrement dans les environs d'Athènes, et sur les hautes montagnes.

Nourriture et propagation inconnues pour l'Europe. Vaillant dit que la femelle pond dans les crevasses des rochers, et sur un nid composé de bûchettes, deux œufs blancs et rarement trois.

VAUTOUR CHASSEFIENTE (*).

VULTUR KOLBII (Daud.).

Assez facile à distinguer dans tous ses âges, du vrai *vautour griffon*, par la forme des plumes des ailes et des parties inférieures, qui toutes sont arrondies par le bout, tandis que ces mêmes plumes, dans *le griffon*, sont longues et acuminées ; la fraise n'est pas non plus aussi longue ni aussi abondante. Couleurs générales du plumage d'un café au lait clair ou isabelle, souvent, et suivant l'âge, varié ou tapiré de brun clair ou foncé. L'adulte est à peu près totalement d'un isabelle blanchâtre, tandis que la livrée du *griffon* adulte est d'un brun clair et uniforme partout. Le jabot du *chassefiente* est d'un brun foncé ; tête et cou couverts de duvet ras. Longueur totale 4 pieds.

Vultur Kolbii. Daud. *Orn. vol.* 2, *p.* 15.—Lath. *Ind.*

(*) A classer après le *Vautour griffon*, vol. 3, p. 5.

Orn. vol. 2, *p.* 1, *sp.* 2. Plusieurs des figures citées sous le nom de *peronoptère* et de *griffon* sont établies sur le *chassefiente* du midi de l'Europe, car ces deux espèces ou races ont souvent été confondues ; quelques descriptions sont aussi très-embrouillées. — Vautour chasse-fiente. Vieill. *Orn. d'Afriq. vol.* 2, *p.* 44, *pl.* 10. —Rupp. *Atlas du voy. en Egypte, un jeune individu*, *pl.* 32. — Kolbens vulture. Lath. *Syn. supp. vol.* 2, *p.* 12.

Habite à peu près toutes les parties montueuses de l'Afrique ; plus abondant et plus généralement répandu en Europe que ne l'est le *griffon* ; ce dernier paraît vivre plus particulièrement dans les parties occidentales, tandis que le *chassefiente* est plus commun dans toutes les parties orientales. Vit en grand nombre en Sardaigne.

Nourriture. Animaux morts, charognes et voieries.

Propagation. Il niche dans le midi de l'Europe ; selon les localités, dans les fentes des rochers, ou sur les plus hauts chênes des forêts, où il construit une aire de plusieurs pieds de diamètre ; pond deux œufs rugueux et d'un blanc sale.

Remarque. Notre Musée vient de recevoir plusieurs individus tués en Sardaigne.

GENRE QUATRIÈME. — *FAUCON.*

FAUCON CONCOLORE (*).

FALCO CONCOLOR (Mihi).

Les ailes de cette espèce sont très-longues, elles aboutissent à l'extrémité de la queue et la dépassent même un peu : la rémige extérieure porte à sa barbe intérieure une échancrure longue environ d'un pouce. Le bec est muni d'une forte dent ; les tarses sont grêles et de moyenne longueur.

Tout le plumage *du mâle*, à l'état adulte est, sans exception, d'une seule nuance bleuâtre clair tirant au gris cendré ; mais toutes les plumes et les pennes sont marquées le long de leur baguette par une strie noirâtre ; les rémiges sont noires, le bec est noir ; la cire, le tour des yeux et les pieds sont jaunes ; l'iris est brun. Longueur 11 pouces. *Le vieux mâle.*

La femelle adulte a le plumage plus foncé ou d'une teinte couleur de plomb noirâtre ; la tête et

------

(*) A classer après le *Faucon kobez,* vol. 3, p. 18.

lc bout de la queue ont une teinte plus sombre que celle du reste du plumage.

Les jeunes sont d'un brun terne ; on trouve des individus en livrée de passage, ayant des plumes d'un brun terne, sur fond bleuâtre clair.

FALCO CONCOLOR. Temm. et Laug. *pl. col.* 330, *vol.* 1, *le mâle.* Mais on doit observer que cette figure est dessinée sur un sujet en mue, dont les rémiges n'ont pas atteint toute leur longueur. —Voyez, comme figure parfaite, LEAD COLOURED FALCON. Gould. *Birds of Europ. vol.* 1, *figure très-exacte du mâle.*

Nourriture et propagation inconnues.

Habite l'Égypte et l'Arabie, principalement l'île Barakan dans la mer Rouge. On le trouve, quoique accidentellement, en Dalmatie ; mais il est plus commun en Grèce. *On dit* aussi qu'il visite parfois la Sardaigne ; il habiterait aussi la Sénégambie.

ÉLANION MARTINET (*).

FALCO FURCATUS (LINN.).

Tête, cou, généralement toutes les parties in-

(*) A classer avant l'*Élanion blanc*, vol. 3, p. 33.

férieures, les barbes intérieures des pennes secondaires et le bout des tertiaires d'un blanc parfait ; manteau, ailes et queue d'un beau noir
bronzé à reflets. Les ailes et la queue très-longues; cette dernière très-fourchue comme la queue
du martinet; tarses en grande partie emplumés ;
le reste et les doigts jaunes ; cire jaune garnie de
soies ; bec noir; iris d'un blanc bleuâtre. Longueur totale 2 pieds. *Le mâle et la femelle ont
approchant le même plumage.*

Le jeune n'est pas encore indiqué ni connu :
dans le nid ils sont revêtus d'un duvet blanc.

FALCO FURCATUS. Linn. *Syst.* 1, *p.* 129, *sp.* 25.—Lath.
Ind. Orn. vol. 1, *p.* 22, *sp.* 41. — Wils. *Amer. Orn.
vol.* 6, *p.* 70, *pl.* 51, *fig.* 2. — MILVIUS CAROLINENSIS.
Briss. *Orn. vol.* 1, *p.* 418. — NAUCLERUS FURCATUS.
Gould. *Birds of Europ. vol.* 1, *figure très-exacte.* —
Yarr. *Brit. Birds. vol.* 1, *p.* 71.—MILAN DE LA CARO-
LINE. Buff. *Ois. vol.* 1, *p.* 221.—Vieill. *Ois. d'Amérique,
pl.* 10. — SWALLOW TAILED FALCON. Catesb. *Car. vol.* 1,
tome 4. — Penn. *Arct. Zool. vol.* 2, *tab.* 10. — Lath.
Syn. vol. 1, *p.* 60.

Habite l'Amérique septentrionale, d'où il se répand,
quoique rarement, jusqu'au Brésil ; et plus rarement ou
seulement accidentellement dans le nord de l'Europe.
Deux individus ont été capturés en Angleterre ; l'un en
Argyleshire, l'autre en Yorkshire.

Nourriture. Lézards et serpens; aussi de grands insectes tels que sauterelles.

Propagation. Place son nid à la cime des pins et des bouleaux; ce nid, suivant les auteurs américains, est composé de branchettes mêlées de mousse et d'herbe. Les œufs sont au nombre de quatre ou six, d'un vert blanchâtre avec quelques taches brunes au gros bout.

ÉLANION BLAC. — *F. MELANOPTERUS* (*).

Habite. M. du Seuil, d'Is-sur-Tille, me marque qu'on voit assez souvent cet oiseau dans le département de la Côte-d'Or: il y vient dans le mois d'octobre; ce qui prouve que l'apparition de cette espèce nomade est plus fréquente qu'on ne l'avait cru jusqu'ici.

Nourriture. M. du Seuil a remarqué que cet oiseau se nourrit dans cette contrée, de souris, dont il trouva dans le jabot de nombreux débris tout couverts de poils; tandis que les autres observateurs assurent qu'il se nourrit uniquement d'insectes.

Remarque. Nous donnons textuellement, et sous la garantie de MM. de la Marmora et du professeur Géné, l'indication d'une espèce nouvelle de Faucon, trouvée en Sardaigne sous le nom de :

(*) Addition à cette espèce. Voir vol. 3, p. 33.

FAUCON ÉLÉONORE. — *FALCO ELEONORÆ*.

Qui ressemble un peu à l'espèce nommée Ho-
BEREAU (*F. subbuteo*), mais en diffère principalement : 1° par sa taille qui est beaucoup plus
forte; 2° par la couleur de la cire, qui est bleuâtre;
3° par la forme du bord tranchant de la mandibule supérieure, qui n'est point échancrée entre
la base et la dent; 4° et enfin par la couleur des
œufs, qui sont d'une teinte rougeâtre, pointillés
et tachetés de brun ferrugineux. M. Géné se propose de décrire plus en détail cet oiseau, dans
son ouvrage sur la Sardaigne; jusque-là, nous
croyons devoir nous abstenir de toute remarque
sur cette nouvelle espèce. On peut conjecturer
qu'un individu de cette espèce se trouve déposé
dans la collection ornithologique du marquis Durazzo à Gênes; car M. Selys de Longchamps, qui
a vu cette collection, nous marque qu'un oiseau
voisin du *Subbuteo*, mais différent, en fait partie,
et a été tué dans la Ligurie.

BUSARD BLAFARD (*).

FALCO PALLIDUS (Sykes.).

Facile à distinguer des deux autres espèces, en ce qu'il n'a pas de cendré bleuâtre aux joues, au menton, ni sur le devant du cou, et que les couvertures supérieures de la queue sont munies de bandes.

Plumage généralement pâle; la teinte cendrée très-claire; à l'occiput du mâle manquent les taches brunes et blanches; le croupion et les couvertures supérieures de la queue sont blancs, marqués de bandes cendrées; les bandes aux pennes latérales de la queue sont au nombre de sept ou de six; elles ont une forte teinte rousse aux barbes extérieures. Tête, manteau et couvertures des ailes d'un cendré blafard, sans aucun indice de bande transversale sur les grandes couvertures; tout le dessous, depuis la gorge jusqu'à l'abdomen, d'un blanc pur, plus ou moins varié, selon l'âge, de fines stries brunes disposées sur la poitrine et au ventre. Bec bleu; cire et pieds jau-

---

(*) A classer après le *Busard Montagu*, vol. 3, p. 42.

nes, iris d'un jaune verdâtre. Longueur totale, 1 pied 3 pouces. *Le mâle adulte.*

La femelle a le plumage dessiné de la même manière que dans la femelle du *Saint-Martin*, mais toutes les couleurs sont de deux teintes plus pâles ; la queue est rayée de six larges bandes brunes, tandis qu'on n'en voit que quatre chez la femelle du *Saint-Martin*.

FALCO PALLIDUS. Sykes et Gould. *Birds of Europ. vol.* 1, *avec une bonne figure du mâle.* — C'est CIRCUS CINEREUS. Ch. Bonap. *Faun. Italic.*

Habite l'Espagne, où l'espèce est abondante ; se trouve accidentellement en France, en Italie et en Allemagne ; plusieurs individus ont été tués sur le Rhin. On doit la première connaissance de cet oiseau, comme espèce européenne, à M. Bruch de Mayence. Vit également en Asie et dans l'Inde, où elle est exactement la même.

Nourriture. Lézards et autres reptiles.

Propagation. Le colonel Sykes dit que dans l'Inde l'espèce est commune et niche sur les arbres.

Remarque. M. de Sélys Longchamps qui a visité récemment les principaux établissemens ornithologiques de l'Italie et de la Suisse, m'a communiqué les observations suivantes sur les trois rapaces que je n'ai pu admettre jusqu'ici dans le dénombrement des espèces européennes. « *Falco pojana* de M. Savi. Je dirai seulement que tous les falco pojana ne sont que de jeunes buses à raies longitudinales , comme on en voit en Belgique ; mais une observation intéressante, c'est qu'en Toscane on ne voit jamais les vieux individus ou buse changeante et à poitrine barrée de Vieillot. — Les individus du *Falco albidus* de Gmelin que je me suis procurés en Belgique m'ont toujours présenté des ongles blanchâtres ou gris foncé, et non pas noirs comme chez les individus ordinaires. — *Nisus major*. Il est bien reconnu maintenant en Suisse que le prétendu *nisus major* n'est qu'un état différent de la femelle du *falco nisus.* » Voici la remarque relative à cette espèce que M. de Verneuil a bien voulu me communiquer : — « Je n'ai jamais pu trouver les différences signalées par M. Meisner entre le grand et le petit épervier. J'ai tué beaucoup de ces oiseaux ; tous ceux de fortes dimensions étaient des femelles ; aucune n'avait l'iris rouge. »

ORDRE DEUXIÈME. — *OMNIVO-RES.*

GENRE SIXIÈME. — *CORBEAU.*

CORBEAU LEUCOPHÉE. — *C. LEUCOPHÆUS.*

Ajoutez à la *remarque*, vol. 3, p. 57.

L'opinion de M. Graba, sur cet oiseau, est que le *Corvus leucophæus* ne diffère pas spécifiquement du *C. corax*; vu, dit-il, qu'il arrive souvent que dans un même nid se trouvent trois corbeaux noirs et un blanc, ou varié de blanc; ce dernier se revêt ordinairement de la livrée toute noire dans un âge plus avancé. On trouve à Sandoc, l'une des Féroës, annuellement et constamment dans un même nid un jeune individu blanc. M. Graba a vu une paire de corbeaux sur le nid, dont le mâle était blanc et la femelle variée de blanc. Mais le même auteur convient aussi que c'est aux Féroës seulement que ces *C. leucophæus* se rencontrent; ce qui est d'autant plus remarquable, qu'en Islande, aux Orcades et dans les parties septentrionales de la Norwége, les corbeaux sont aussi abondans qu'à Féroë, et qu'on n'y voit point de variété semblable. Graba, *Reise nach Färö, p. 51 et suivantes.* — Nouvelle preuve évidente de l'influence des climats sur la coloration du plumage.

GENRE SEPTIÈME. — *GARRULE*.

GEAI A CALOTTE NOIRE (*).

GARRULUS MELANOCEPHALUS (Géné).

C'est plutôt une variété locale qu'une espèce
distincte de notre glandivore ; mais elle est suffisamment caractérisée par des dissemblances marquées et constantes qu'on peut apprécier du premier coup d'œil ; ce qui fait qu'il convient de
l'isoler par les mêmes motifs sur lesquels est
basée la séparation spécifique des *Fringilla cisalpina* et *domestica*, des *Cinclus aquaticus* et *melanogaster*, comme de plusieurs autres de nos espèces européennes.

Plumes de la tête très-longues, pouvant se re-
dresser en huppe ; elles sont toutes, et dans la
totalité de leur longueur, d'un noir parfait, et formant par leur ensemble une ample calotte ; front,
petites plumes des narines et sourcils d'un blanc
jaunâtre un peu mêlé de brun ; à la base des mandibules une forte moustache noire ; gorge blanche ; cette couleur remonte au-delà des mousta-
ches et couvre les joues jusqu'au dessus des yeux ;
parties supérieures et inférieures du corps abso-

(*) A classer après le *geai glandivore*, vol. 3, pag. 66.

lument comme dans le *glandivore;* pennes de la queue noires, cendrées à la base et rayées en dessus de bandes bleuâtres; rémiges noirâtres lisérées de blanc , et le reste de l'aile comme dans le *glandivore*. Longueur totale, 13 pouces, souvent seulement 12 ou 11 pouc. 6 lig., selon les localités. .

L'espèce ou race constante a été indiquée et figurée, pour la première fois, par M. le professeur Géné. Voyez GARRULUS MELANOCEPHALUS. *Ann. de l'Acad. des scienc. de Turin, vol.* 37, *avec une bonne figure.* Cette figure est basée sur les deux sujets que possède le Musée de Turin , tués aux environs de Balbek au mont Liban ; ces sujets ne portent que 11 pouces 6 lignes en longueur totale.

Habite. Indépendamment des contrées africaines de la Syrie, on trouve encore l'espèce dans toute la Grèce, en Crimée et dans le Caucase où elle remplace notre *Glandivore*. J'ai soigneusement comparé les sujets de trois de ces localités , et n'ai pu trouver d'autre différence que celle de la taille ; ceux de Grèce portent 12 pouces ; le sujet que j'ai reçu du Caucase en porte 13. — La race du Japon , indiquée dans le vol. 3 , sous le nom de *Kasidori* , diffère également de celle-ci , mais bien peu de notre *Glandivore* d'Europe.

Nourriture et Propagation. Inconnues ; on le mange dans plusieurs parties de la Grèce.

ORDRE TROISIÈME. — *INSEC-TIVORES.*

GENRE QUINZIÈME. — *PIE-GRIÈCHE.*

PIE-GRIÈCHE A CAPUCHON (*).

LANIUS CUCULLATUS (Mihi).

Sur le sommet de la tête une ample calotte noire, coupée de chaque côté par un large sourcil étendu depuis la base des narines jusqu'aux côtés de l'occiput , dont la teinte est d'abord blanche, puis se nuance graduellement en jaune roussâtre ; nuque, manteau et dos d'un brun ombre un peu cendré sur le croupion ; ailes d'un roux ardent, les scapulaires marquées de grandes taches d'un noir parfait, les pennes d'un brun noirâtre, seulement lisérées de roux ardent. Gorge et milieu du ventre d'un blanc pur, les joues et le reste · des parties inférieures d'un cendré clair, hormis

----

(*) A placer après la *Piegrièche a poitrine rose* , vol. 3, pag. 82.

l'abdomen, qui est d'un blanc jaunâtre; queue très-étagée, noire à grands bouts blancs; les deux pennes du milieu cendrées, ondées de bandes transversales plus foncées. Bec brun, à base de la mandibule inférieure grise; pieds gris. Longueur 9 pouces 6 lignes. *Les sexes diffèrent seulement par les teintes du plumage.*

LANIUS RUTILUS. *var. c.* Lath. *Ind. Orn. v. 1. p.* 72, *sp.* 12, *y.* — LA PIE-GRIÈCHE ROUSSE DU SÉNÉGAL. Buff. *pl. enl.* 479, *f.* 1.—Lath. *Syn. v. 1, p.* 170, *var. b.* sont les seuls synonymes que nous puissions trouver de cette espèce distincte, toujours confondue dans les méthodes avec notre *Pie-grièche rousse.* Notez encore que la *Pie-grièche roussâtre* de Buff., *pl. enl.* 477, *f.* 2, est la femelle d'une autre espèce distincte de notre *Rutilus*, qu'on trouve en Afrique et que nous proposons de nommer *L. rutilans.*

Habite. Jusqu'à présent nous n'avons eu d'autre notice sur cette espèce, nouvelle pour l'Europe, que par les sujets provenant du Sénégal. Les recherches faites depuis peu en Andalousie, prouvent qu'elle existe aussi dans le midi de l'Espagne. Les sujets de l'Andalousie, que je dois à la complaisance de M. Boissonneau, ne diffèrent pas de ceux du Sénégal; ces derniers ont seulement des teintes plus pures.

Nourriture et Propagation. Inconnues.

GENRE DIX-SEPTIÈME. — *MERLE*.

MERLE VARIÉ OU DE WITHE (*).

TURDUS VARIUS seu *WITHEI* (Gould).

Aucun autre caractère, que celui de la légère différence dans la grosseur du bec, ne peut servir de moyen pour reconnaître les individus des deux races de cette espèce, dont l'une se montre accidentellement en Europe et vit jusqu'au Japon, l'autre se trouve répandue depuis les îles de la Sonde jusqu'à la Nouvelle-Hollande : ces derniers ont le bec un peu plus long et tant soit peu plus robuste que la race qui se montre assez fréquemment dans nos contrées, ou qui nous vient du Japon; encore est-il de fait que, dans le grand nombre des sujets de l'Inde, j'ai trouvé des individus dont le bec n'est certainement pas plus fort ni plus long que celui des sujets du Japon : je les réunis conséquemment, contrairement à l'opinion de M. Gould, qui en fait deux espèces, et qui serait très-porté à en faire une troisième pour les sujets de l'Australie.

(*) A placer avant le *Merle Draine*, vol. 3, pag. 87.

Toutes les parties supérieures et les quatre pennes du milieu de la queue d'un brun olivâtre teint de jaunâtre, chaque plume étant marquée vers le bout d'un large croissant noir ; lorum, tour des yeux et joues d'un ton plus ou moins blanc marqué, vers le bout des plumes, de petits croissans noirâtres ; couvertures des ailes d'un brun foncé marqué de taches et lisérées de jaune ocre ; aile bâtarde rayée et pennes lisérées de brun ocre ; menton, milieu de l'abdomen et couvertures inférieures de la queue d'un blanc pur ; poitrine variée de brun clair et d'ocre ; le reste des parties inférieures blanches, mais toutes ces plumes terminées par un croissant brun, ce qui fait que toutes les parties du corps paraissent couvertes d'écailles. Pennes latérales de la queue noires ; les deux extérieures d'un brun clair vers la pointe. Bec et pieds bruns. Longueur, 9 pouces 6 ou 8 lignes, aussi 10 pouces ; les sujets exotiques sont quelquefois un peu plus forts. *Les deux sexes.*

TURDUS VARIUS. Horsf. *Zoolog. researc. in Java*, avec *une figure.* — WITHES THRUSH. Gould. *Birds of Europ.* vol. 2. *figure parfaite.* — TURDUS AUREUS. Stoll. *Faune de la Moselle*, *année* 1825. — Yarr. *Brit. Birds. v.* 1, *p.* 184 , *avec figure sur bois.*

Habite. Visite accidentellement l'Europe occidentale;
on en peut citer cinq ou six exemples : un en Angleterre,
deux à Hambourg, un sur le Rhin, un autre en Allemagne, sans indication de lieu, et ,depuis 1788, un sujet
a été tué près de Metz; on parle encore, ,mais vague-
ment de quelques autres captures. L'espèce est plus
abondante au Japon, peut-être aussi dans quelques parties de l'Asie, d'où elle doit nous venir en Europe. Je
n'ai pu trouver aucune différence marquée dans la coloration du plumage entre les sujets de Hambourg et ceux
du Japon; on voit seulement une très-légère variété de
taille et de grosseur du bec entre ceux-ci et les sujets
de Java. Comparés également avec ceux des contrées
de l'Australie, ces derniers sont **les plus grands**, quoique portant le même plumage.

Nourriture. Il est dit **qu'elle consiste en insectes** et
en vers. A Java on **les trouve seulement sur les montagnes**
de six à sept mille **pieds d'élévation, jamais** ailleurs ni
dans les autres îles **de la Sonde. Au Japon** elle habite
également les hautes **montagnes.**

MERLE NAUMANN.—*T. NAUMANNII* (*).

Ajoutez à la **description** et aux synonymes de

---

cette espèce tout ce qui est dit sur cet oiseau sous le nom de :

TURDUS NAUMANNII dans Gould, *Birds of Europ. vo. 2*, *avec une figure du sujet déposé dans le Musée de Munich;* puis tout l'article du **MERLE EUNOME**. Voyez mes *pl. coloriées*, 514, *le mâle adulte*. Cette figure est d'un sujet du Japon, où l'espèce est la même qu'en Europe. — M. Naumann cite la capture récente d'un individu de cette espèce dans le duché d'Anhalt-Cotten ; ce sujet, pris le 27 septembre 1838, est un *jeune mâle* qui conserve encore quelques plumes de sa première livrée. Voyez Wiegm. *Archiv.* 1838 , *Helt.* 5 , *p.* 372.

———

MERLE BLAFARD. — *T. PALLIDUS* (*).

Ajoutez, comme indication de l'adulte:

Une tache noire couvre le lorum ; le front brun ; la tête , les côtés du cou et la gorge d'un cendré noirâtre ; le menton blanc ; la poitrine d'un cendré olivâtre ; la nuque, le dos et les couvertures des ailes, d'un roux olivâtre foncé ; les rémiges et la queue d'un noir glacé de cendré ; tache blanche sur la barbe intérieure des trois pennes latérales de la queue ; les flancs d'un cendré olivâtre ; tout le reste des parties inférieures d'un blanc

———

(*) Addition à cet article. *Voir* vol. 3, page 97.

pur. — Voyez Gould. *Birds of Europ. vol.* 2, et MERLE DAULIAS, *pl. color. d'ois. pl.* 515, *sur un sujet de l'année, du Japon.* — Aussi TURDUS WERNERII. Bonelli, *Cat. du Mus. zool. de Turin.* — Géné, *Mém. de l'Acad. de Turin, vol.* 37, *p.* 291, *avec une figure d'un individu, probablement le jeune de l'année.* — Se trouve figuré dans l'*Atlas du Manuel*, où M. Werner donne ce merle sous le nom de *Turdus Naumannii.*

Habite. La capture faite en Italie de deux individus, dont l'un fut pris en novembre 1827, et l'autre dans le même mois en 1828, prouve que le passage accidentel de cette espèce est moins rare qu'on ne pense. Les deux sujets mentionnés dans le mémoire publié récemment par M. Géné, ont été tués dans les environs de la ville de Turin.

Remarque. Nous n'avons pu obtenir aucune donnée nouvelle sur les *Turdus auroreus* et *minor, cités,* vol. 3, pages 100 et 102, sur les indications de Brehm.

GENRE DIX-SEPTIÈME (*Bis*) (*).

TURDOIDE. — *IXOS* (MIHI).

BEC plus court que la tête, comprimé, fléchi

(*) A classer après le *Merle bleu* (genre dix-septième, deuxième section), vol. 3, p. 104.

dès sa base, pointe courbée et faiblement échancrée ; des poils roides à la base du bec. NARINES
basales, latérales, ovoïdes, à moitié fermées par
une membrane nue. PIEDS courts, faibles, à
tarse plus court que le doigt du milieu ; l'externe
soudé par la base. ONGLES courts et grêles. AI-
LES courtes, arrondies; la première rémige courte,
deuxième, troisième et quatrième étagées ; quatrième, cinquième et sixième les plus longues.

Cette coupe est nouvelle pour l'ornithologie
d'Europe, plusieurs représentans existant en
Afrique et dans les îles de l'Archipel des Indes,
où les espèces de ce genre sont très-nombreuses.
M. Muller, l'un de nos naturalistes voyageurs
dans l'Inde, me fait part qu'à Java ce sont des
oiseaux sédentaires ; quelques espèces habitent
les contrées montueuses, et l'une d'elles, jusqu'à
une élévation de 8,000 pieds ; d'autres vivent
dans la plaine, même jusque dans le voisinage
des lieux habités; leur cri d'appel ressemble en
quelque sorte à celui de notre pinson. Ils sont
ordinairement par couple ou bien réunis en famille, mais rarement en bande nombreuse; ils
fréquentent le plus souvent les arbres et les arbustes qui portent des fruits ou des baies, dont
ils font à peu près leur seule nourriture ; on les

voit souvent à terre à la recherche de ces fruits
qui tombent; mais ils prennent rarement des chenilles ou autres insectes; de sorte qu'on peut admettre qu'ils sont essentiellement fructivores, en
quoi ils diffèrent des merles, qui ont un régime
plus insectivore.

TURDOIDE OBSCUR.

IXOS OBSCURUS (Mihi).

Sommet de la tête, joues et gorge d'un brun
sombre; nuque, manteau, dos et croupion d'un
brun de terre terne; toute l'aile du même brun,
mais un peu plus lustré; poitrine et flancs d'un
brun clair; milieu du ventre d'un brun blanchâtre; abdomen et couvertures du dessous de la
queue d'un blanc terne; queue totalement unicolore, d'un brun noirâtre; bec et pieds noirs.
Longueur, 8 pouces. *Les deux sexes.*

Cette espèce nouvelle ressemble, par la taille
et les formes totales, à peu près, à l'*Ixos plebeius*
de l'Afrique septentrionale, figuré dans l'Atlas
du voyage en Égypte par Ruppel; mais les couleurs du plumage diffèrent assez pour qu'il soit

facile de ne pas les confondre. Notre espèce, quoique différente par les couleurs du plumage, tient de très-près à celle que nous avons désignée dans le tableau des planches coloriées, sous le nom de *Ixos Vaillantii*, ou le *Merle cul-jaune du Cap*. Buffon, *pl. enl.* 317, qui est le *Brunoir* de Vaillant, *Ois. d'Afr. pl.* 106, f. 1. Elle ressemble aussi, par tous les caractères, à plusieurs autres espèces du même genre répandues dans les îles de l'Archipel asiatique.

Habite. A été trouvé en Andalousie, où on le dit assez commun. Vit probablement aussi dans le nord de l'Afrique.

Nourriture et propagation inconnues.

GENRE DIX-HUITIÈME. — *CINCLE*.

CINCLE A VENTRE NOIR. — *C. MELANO-GASTER* (*).

Ayant obtenu deux individus de cette espèce signalée par M. Brehm, dont l'un me fut offert par M. de Feldegg, je crois pouvoir émettre

---

(*) Addition à cette espèce. *Voir* vol. 3, page 106.

mon opinion sur cet oiseau, placé avec quelque
doute dans la troisième partie, pag. 106.

En premier lieu, je n'ai pu trouver d'autre
dénombrement aux plumes caudales que celui de
douze, comme l'ont le plus grand nombre des
cincles qu'on obtient, quoique M. Brehm dise
que son melanogaster n'en a que dix ; 2° je trouve
mes individus un peu plus grands que les cincles
en livrée ordinaire, et M. Brehm dit qu'ils sont
plus petits. A part ces deux caractères essentiels,
j'ai trouvé qu'en effet il y a une légère différence
dans la coloration du plumage, absolument comme
elle est signalée par l'auteur mentionné : car le
Cinclus melanogaster se distingue facilement des
individus en plumage ordinaire par les teintes
très-foncées de tout le plumage; mais la distribution des couleurs est exactement la même chez
les uns comme chez les autres; ce qui me fait
présumer que ces sujets à livrée sombre et milieu du ventre d'un brun à peu près noir, peuvent être considérés comme des individus qui ont
atteint un âge très-avancé; vu que l'extrême
vieillesse, chez les oiseaux, produit toujours quelque altération dans la coloration de leur plumage.
On en voit des exemples nombreux chez une
grande quantité d'espèces, tant indigènes qu'exo-

tiques. M. Gould, à qui j'ai communiqué une dé-
pouille pour en donner la figure, *Birds of Europ. vol.* 2, *pl.* 84, semble aussi partager mon
opinion, que le *C. melanogaster* de Brehm n'est
à tout prendre qu'une variété, individuelle, ou
bien locale dans les contrées riveraines de la
Baltique.

On pourrait citer de même, et former une espèce distincte des sujets obtenus d'une des localités du midi de l'Europe, sans que nous sachions
exactement de laquelle, puisque M. Cantraine a
omis de la marquer sur les individus provenant
de son voyage. Ces individus sont plus petits que
ceux du centre de l'Europe, et les couleurs du
plumage sont plus claires, quoique distribuées
de la même manière.

GENRE DIX-NEUVIÈME. — *BEC-FIN.*

BEC-FIN DES OLIVIERS (*).

SYLVIA OLIVETORUM (Strickl.)

Plumage des parties supérieures d'un cendré

(*) A classer après le *bec fin rousserolle*, vol. 3, p. 110.

brun nuancé d'olivâtre ; l'espace entre le bec et l'œil d'une teinte plus claire ; pennes des ailes d'un brun foncé , les secondaires lisérées de blanchâtre ; queue faiblement arrondie et d'un brun foncé ; la penne extérieure bordée et les deux suivantes terminées de blanc ; parties inférieures d'un gris blanchâtre qui s'obscurcit sur les flancs ; abdomen et couvertures du dessous de la queue nuancés de jaunâtre ; base du bec jaune orange, mais plus sombre vers la pointe ; pieds couleur de plomb ; iris noisette. Longueur totale, 6 pouces.

OLIVE-TREA SALICARIA. **Gould.** *Birds of Europ. vol.* 2, *avec une figure.* Il paraît que cette espèce nouvelle est voisine des autres espèces de becs-fins qui habitent le bord des eaux.

Habite. Les parties orientales du midi de l'Europe. On doit la découverte de cette espèce, inédite, aux soins de M. Strickland , qui s'en procura deux individus dans les îles Ioniennes , pris tous les deux à Zante , où l'espèce n'est pas rare , au printemps de 1836.

Nourriture et propagation inconnues.

BEC-FIN LOCUSTELLE. — *S. LOCUSTELLA* (*).

Les petites taches en auréole du devant du cou ,
manquent totalement chez *les jeunes*, qui ont la
gorge blanche; il paraît aussi que ces petites
mouchetures disparaissent totalement en hiver ,
chez les deux sexes, et reparaissent au printemps ;
le mâle a cette auréole de petites taches plus distinctement marquée que *la femelle.*

Je tiens de M. Hardy, de Dieppe, que cet oiseau niche en des terrains montueux , ne se tenant dans les roseaux des marais qu'à son passage de printemps, en avril , qui lui offrent alors
le seul abri pour s'y cacher. Une preuve de plus
à l'appui de mon opinion , que les genres *Cala-*
moherpe, locustella , etc., etc. , sont des coupes
faites à bon plaisir.

Le même naturaliste me fait part que le *Cala-*
moherpe tenuirostris de Brehm , cité Manuel ,
part. 3, p. 113, n'est rien autre qu'une Locustelle.

M. Gould. *Birds of Europ. vol.* 2 , dit que la

____

(*) Addition à cette espèce. *Voir* vol. 3, page 112.

Locustelle est assez commune en Angleterre ; elle place son nid dans les fourrés les plus épais des buissons ; ce nid est composé de mousse et d'herbes fines. Pond quatre œufs, d'un gris rose avec de nombreuses taches plus foncées. C'est le *Brake locustelle* des Anglais. On voit dans Gould, *Birds of Europ. vol.* 2 , des figures très-exactes du *Bec-fin riverain*, *trapu*, et *luscinoides*, sous les noms de *Locustella fluviatilis*, *certhiola* et *luscinoides*.

BEC-FIN LANCÉOLÉ (*).

SYLVIA LANCEOLATA (Mihi).

Bec court et gros ; queue assez longue, fortement conique ; toutes les parties inférieures, la partie médiane du ventre seule exceptée, couvertes de longues mèches lancéolées.

D'un bon tiers moins grand que la locustelle , mais le bec tout aussi fort; la queue aussi longue mais plus conique. Parties supérieures du plumage comme chez la locustelle, seulement les taches plus grandes et plus foncées ; menton, tout le devant du cou, poitrine et ventre, d'un

---

(*) A classer après le *Bec-fin cisticole*, vol. 3 , p. 125.

blanc jaunâtre; flancs, abdomen et partie des couvertures inférieures de la queue, d'un cendré· roussâtre; toutes ces parties, depuis le bec jusqu'à la queue, le milieu du ventre seul excepté , sont couvertes de nombreuses mèches noirâtres de forme lancéolée; le bec est brun. Longueur totale, à peine 4 pouces.

Cette espèce , que je juge être nouvelle, m'a été communiquée par M. Bruch de Mayence , et a été prise non loin de cette ville. La petite taille de cet oiseau, dont tout le devant, aussi bien que les flancs et les couvertures du dessous de la queue sont fortement marqués de longues taches , servent d'indices , que l'espèce diffère spécifiquement de tous les autres *Bec-fins riverains*.

———

BEC-FIN RUBIGINEUX. — *S. RUBIGINOSA* (*).

Nous avons classé, vol. 3 , pag. 129 , ce bec-fin dans la section des *Sylvains* , en le distrayant des *Riverains* , parmi lesquels il se trouvait dans le premier volume. Notre opinion a depuis été confirmée, vu que cet oiseau a les mœurs et le

————

(*) Addition à cette espèce. *Voir* vol. 3, page 129.

genre de vie des Becs-fins qui habitent les bois.
·*La femelle* n'étant pas encore suffisamment connue, nous en fournissons ici le signalement, en
faisant observer que les figures publiées jusqu'ici sont toutes prises sur des sujets du *mâle
adulte.* La bande noire vers le bout de la queue,
occupe d'autant moins d'espace, en raison de
l'âge; les *vieux mâles* l'ont plus petite que *les
jeunes* et *la femelle.*

La femelle est d'une nuance gris brun clair
sur toutes les parties supérieures qui sont d'un
brun roussâtre dans *le mâle*, le croupion et les
pennes de la queue seuls exceptés, qui sont de
la même teinte chez les deux sexes; mais les
deux pennes du milieu sont plus cendrées, les
bandes vers le bout de la queue plus larges, et
celles-ci d'un brun noirâtre; les ailes sont d'un
brun clair, bordées de cendré. Peut-être sont-ce
les jeunes de l'année?

Ajoutez aux synonymes :

Sylvia familiaris. Ménétrier, *Cat. zool. du Caucase,*
p. 32, *sp.* 60. J'avais presque dû me ranger de l'opinion
de ceux qui prétendent que ce bec-fin, décrit par M. Ménétrier, forme une espèce distincte de notre *Rubigineux;*
aujourd'hui, que j'ai reçu quelques individus des deux

sexes de Saint-Pétersbourg et un sujet de Grèce, je les ai comparés à ceux de l'Egypte et de l'Andalousie, sans trouver aucune différence marquée.

Habite. Par conséquent, depuis l'Andalousie jusqu'au Caucase ; M. Ménétrier dit qu'il se tient par couples, et sautille tenant la queue relevée ; on le voit près des habitations sur les toits et les haies des environs du Kour, près de Saliane. Son chant est mélodieux.

Nourriture. Chenilles et petits vers.

BEC-FIN A LUNETTES. — *S. CONSPICILLATA* (*).

Ajoutez à l'article *propagation :*

Nous devons à la complaisance de M. du Seuil, d'Is-sur-Tille, près Dijon, la description suivante. — *Le mâle* arrive dans le département du Gard, vers la première quinzaine de mars, la femelle quelques jours plus tard. Ils construisent leur nid dans les buissons peu élevés à un pied du sol ; il est composé de tiges de graminés ; l'intérieur est tapissé de tiges très-déliées et fines de graminés. La ponte est de quatre œufs obtus, dont le fond est blanc, couvert à peu près également de petits points d'un brun verdâtre clair, tellement rapprochés, qu'ils se touchent à peu près.

(*) Addition à cette espèce. *Voir* vol. 3, page 134.

BEC-FIN GORGE-BLEUE. — *S. SUECICA* (*).

Ajoutez à *l'habitation* :

M. de Verneuil me fait part que les deux races à *miroir blanc* et à *miroir roux* se trouvent en France. La première est de passage régulier en Lorraine , en Bourgogne, en Dauphiné, et ailleurs ; elle arrive toujours fin d'avril , et se disperse par couples dès le 15 mai ; dans le mois d'août tous ont disparu.—La race à *miroir roux* ne se voit qu'en Bourgogne ; elle est rare, M. de Verneuil et ses amis en virent très-peu. Ce fait suffit comme preuve de l'apparition accidentelle ou périodique de ces deux races hors des limites des contrées septentrionales auxquelles on les croyait restreintes.

GENRE VINGTIÈME. — *ROITELET.*

ROITELET MODESTE (**).

REGULUS MODESTUS (Gould).

Point de huppe coronale ; sur la tête trois

(*) Addition à cette espèce. *Voir* vol. 3, page 143.

(**) A classer après le *Roitelet triple bandeau* , vol. 3 , page 158.

bandes jaunes, dont celles placées au dessus des yeux sont le plus fortement colorées.

Aucun indice de plumes longues et effilées sur le sommet de la tête, couvert d'une bande d'un vert jaunâtre ; au dessus des yeux se trouve, de chaque côté de la tête, un large sourcil, fortement coloré de jaune clair ; le reste des parties supérieures, d'un vert olivâtre clair, qui devient beaucoup plus pâle sur le croupion ; la queue, qui est légèrement fourchue, est brune de même que les pennes des ailes ; toutes ces pennes sont finement lisérées de jaunâtre pâle ; deux bandes d'un jaune pâle sont disposées sur les ailes ; toutes les parties inférieures, d'un blanc verdâtre : bec et pieds bruns. Longueur, un peu plus que 3 pouces.

Repose sur la capture d'un seul individu remis par le colonel de Feldegg à M. Gould, qui en a publié la figure et la description sous le nom de *Regulus modestus. Birds of Europ.,* *vol.* 2.

Habite la Dalmatie. Peut-être aussi, lorsqu'il sera mieux étudié, le trouvera-t-on dans quelques autres parties méridionales ?

GENRE VINGT-QUATRIÈME. — *BERGERON-NETTE*.

BERGERONNETTE YARREL (*).

MOTACILLA YARRELLII (Bonap.).

En fournissant, *vol. 3 , pag.* 175 *de ce Manuel*, une définition plus parfaite de la véritable *M. lugubris* ou *lugens* de Pallas, j'ai dit que plusieurs naturalistes ont pris pour cet oiseau la variété noire de *M. alba*, voyez *pag.* 177 *et* 179, *loco cit.* Des informations récentes sur cette variété noire, et la certitude que nous avons acquise qu'elle forme une race constante qu'on trouve habituellement en Angleterre, où notre *M. alba*, la race grise du continent, ne se voit jamais, nous engagent à la placer ici comme *variété* ou *race locale*, caractérisée de la manière suivante :

Les ailes, d'un noir parfait; toutes les couvertures bordées de blanc pur.

Gorge, devant du cou , sommet de la tête, nuque, manteau, dos, ailes et pennes du milieu de

---

(*) A classer avant la *Bergeronnette grise*, vol. 3, p. 178.

la queue, d'un noir parfait ; flancs d'un noir ardoise ; front, lorum , joues , ventre, abdomen ,
couvertures des ailes et les deux pennes latérales
de la queue d'un blanc pur ; *la livrée d'été.*

Plumage d'hiver. Menton et devant du cou
terminés vers la poitrine par un croissant noir
plein ; les plumes du dos et du manteau prennent
une teinte noire légèrement cendrée ou couleur
ardoise ; les couvertures des ailes toujours bordées de blanc pur.

PIED WAGTAIL FROM ENGLAND. Gould. *Birds of Europ.*
vol. 2 , les deux livrées. — **MOTACILLA YARRELLII.** Ch.
Bonap. *Linn. Transact.*

Habite. On ne voit que cette race dans les trois royaumes unis de la Grande-Bretagne , où la race grise du
continent ne se montre jamais. Les *bergeronnettes noires*
visitent quelquefois le continent ; on les trouve accidentellement dans le Nord de la France ; je n'en vis jamais
une seule en Hollande , où la *bergeronnette grise* est si
commune partout. Elle émigre du midi de l'Angleterre ,
et y arrive à peu près aux mêmes époques de l'année
que la race du continent choisit pour ses migrations périodiques.

BERGERONNETTE PRINTANIÈRE.— *M. FLAVA* (*).

Il est de fait que cette bergeronnette existe au
Japon, dans l'Inde et dans les îles de la Sonde
exactement sous le même plumage que nous la
trouvons dans les parties septentrionales du continent de l'Europe; que la *flavéole* (**) n'a été
trouvée jusqu'ici qu'en Angleterre et sur les côtes de France, et qu'on voit, dans le midi de
l'Europe deux autres *races moins constantes*
dans les couleurs du plumage de la tête et du
cou. Ces dernières sont indiquées par les auteurs
italiens comme espèces; nous les signalons comme
suit :

Cutti commune (*M. flava*) , absolument semblable à
celle de nos climats septentrionaux. Bonap. *Faun. Ital.
tab.*, *fig.* 1 ; c'est la *Neglecta* de Gould. États romains et
Toscane ; le nord du continent , le Japon et l'Inde.

Cutti capo-cerino (*M. cinereo-capilia*). Tête plombée,
sans aucune bande surciliaire ; gorge blanche ; le reste
comme la précédente , *l'adulte.* — *Les jeunes*, d'un cendré verdâtre, jaunâtres en dessous ; tête olivâtre ; une

---

(*) Addition à cette espèce. *Voir* vol. 3, page 181.
(**) Voyez *Manuel part.* 3, *p.* 183, *Brit. Birds, p.* 74,
tab. 97.

bande jaunâtre au dessus des yeux ; gorge blanchâtre.
Bonap. *Faun. Ital. tab.*, *fig.* 2. Commune en Italie ; jamais vers le nord de l'Europe.

CUTTI CAPO-NERO (*M. melano-cephala*). Tête noire, sans aucune bande surciliaire ; gorge jaune ; le reste comme les précédentes, *l'adulte*. — *Les jeunes* d'un cendré olivâtre, jaunâtres en dessous ; tête noirâtre ; gorge jaunâtre, légèrement blanchâtre sous le bec. Bonap. *Faun. Ital. tab.*, *fig.* 3. — Rupp. *Atlas Reis. Afri. tab.* 33, *f.* 6. Se trouve en Dalmatie, au Caucase et en Égypte ; rare en Italie.

La *M. Feldeggii* est intermédiaire entre les deux dernières races ; elle semble être le produit de leur mélange : ces accouplemens des différentes races doivent avoir lieu assez fréquemment parmi ces oiseaux erratiques, tels que le sont les bergeronnettes et autres espèces.

GENRE VINGT-CINQUIÈME. — *PIPIT.*

PIPIT SPIONCELLE (*).

ANTHUS AQUATICUS (BECHS).

Un large sourcil blanc partant de la base du

(*) Après avoir fait des recherches suivies et une multitude de comparaisons entre les individus des différentes parties

*bec ; sur les deux pennes latérales de la queue
une tache blanche , l'externe bordée de blanc ;
bec semblable à celui du M. alba.*

Parties supérieures d'un cendré brun, le centre
de chaque plume étant d'une nuance plus fon-

---

de l'Europe , j'ai trouvé qu'en effet on a confondu, sous
Anthus aquaticus , deux espèces distinctes de plumage, de
mœurs , de nourriture et d'habitation , comme aussi par la
couleur de leurs œufs. Ces deux espèces se trouvent confondues dans les articles *Pipit spioncelle* , des premier et troisième volumes du Manuel, p. 265 et 187 ; nous en fournissons ici des indications plus exactes. La troisième comme la
quatrième, que les ornithologistes font valoir comme espèces, ne sont pas même admissibles sous la rubrique de race ;
on peut tout au plus les considérer comme variétés locales ,
et sous ce point de vue minutieux, il est de fait que chaque
espèce , dans la nature , peut compter , en plus ou moins
grand nombre, de ces différences locales de la même valeur.
Si on se décide en faveur de cette manière minutieuse d'étudier la nature , on fera bien de s'en rapporter au livre de
Brehm ; toutefois, il faudra pour lors donner encore plus
de latitude à son cadre, et former un bien plus grand nombre d'espèces qu'il n'en a fabriqué. Néanmoins, avant de
s'adonner à cette nouvelle manière de voir , il sera bon de
consulter les opuscules si pleins de faits et d'observations
intéressantes de Faber et de Boié, mais surtout l'excellent
ouvrage de Graba sur Féroë.

cée ; au dessus des yeux une bande blanche large
dans l'adulte et étendue jusqu'aux côtés de l'occiput ; petites couvertures des ailes bordées et
terminées de gris blanc ; toutes les parties inférieures blanches, mais variées, sur le côté du cou,
sur la poitrine et surtout le long des flancs, de mêches longitudinales brunes, d'autant plus grandes et plus nombreuses que l'époque du printemps est plus éloignée ; les deux pennes du
milieu de la queue sont de la couleur du dos, les
suivantes noires ; l'extérieure bordée de blanc et
portant une grande tache blanche, sur la deuxième une tache plus petite ; pieds et bec d'un
brun noir. Longueur, 5 pouces 7 ou 8 lignes.
Les deux sexes en hiver.

La femelle a des taches plus nombreuses que
le mâle ; les jeunes en ont de plus grandes et de
plus confluentes ; la base du bec et les pieds ont
une teinte plus claire.

ANTHUS AQUATICUS. Bechst. *Naturg. Deuts. vol.* 3 ,
p. 745. — ALAUDA CAMPESTRIS SPINOLETTA. Gmel. *Syst.*
1, *p.* 794, *sp.* 4, *var. B.* — Lath. *Ind. vol.* 2, *p.* 495,
sp. 12, *var. B.* — Buff. *pl. enl.* 661, *f.* 2 , *sous le faux
nom* d'alouette pipi. — MEADOW LARK. Lath. *Syn. vol.* 4,
p. 378 , *var. A.* — WASSER PIEPER. Meyer. *Taschenb.
Deuts. vol.* 1 , *p.* 258. — PISPOLADA SPIONCELLA. *Stor. degli ucc. vol.* 4, *p.* 388, *f.* 2. — *Atlas du Manuel, pl. li-*

thog., *le jeune.*—Naum. *Naturg. neue ausg. tab.* 85, *f.* 3, *en habit d'hiver*, *f.* 4, *jeune de l'année.* — Pipit spipolettr.¡Vieill. *Faun. franç. p.* 180, *pl.* 79, *fig.* 1 *et* 2.—Roux. *Orn. provenç. vol.* 1, *p.* 294, *tab.* 192, *en automne.* —Berg, winter und Alpenwasserpieper, Brehm. *Vög. Deuts. p.* 328. — M. Gould, *Birds of Europ.* n'en a pas publié de figure ; celle sous le nom *aquaticus*, est le portrait exact de notre *obscurus*.

Les vieux mâles, pendant le court espace de temps des couvées, ont le devant du cou, la poitrine, la partie supérieure du ventre et les flancs colorés d'une teinte toute rose ou chamois ; pure et sans taches aucunes, ou bien plus ou moins variée de taches et de mêches brunes, *suivant leur habitat plus méridional ou selon l'époque de l'année.* Ceux qui nichent plus vers les régions du nord n'ont qu'une faible nuance de la teinte chamois, et sur cette teinte existe un plus grand nombre de mêches brunes. Les parties supérieures ont les mêmes distinctions en partage. Dans le Midi, il ne reste plus guère de bordures aux plumes de la tête, du cou et du dos, qui sont alors d'un cendré brun sans taches ; vers le Nord la bigarrure est plus marquée, quoique toujours dans les teintes brunes et cendrées pour les parties supérieures, et blanches ou chamois plus ou moins pures pour celles des parties inférieures.

Il est encore douteux s'il faut attribuer à *la femelle* le même plumage d'été qu'au *mâle*, ou bien, s'il est de fait que celle-ci conserve sa livrée d'hiver sous des nuances seulement plus pures ; comme il semble que c'est le cas chez l'espèce suivante.

Les sujets en livrée de printemps ou d'été sont décrits sous les noms de Anthus montanus. Koch. *Baierisch. Zool. p.* 179 *,* n° 102. — Anthus aquaticus. Richards. *Ornith. boreal. Amer. p.* 231, *tab.* 44, *en livrée parfaite d'été.* — Meyer. *Ornith. Taschenb. vol.* 3 *, p.* 102. — Naum. *Naturg. Neue Ausg. tab.* 85, *f.* 2 *, mâle en habit des noces.*

Remarque. J'ai obtenu de M. Tcharner de Bellerive des individus mâles, tués en été, fin de mai , sur les Alpes suisses, dont un absolument dépourvu de taches, et de M. de Lamotte des sujets tués sur les Pyrénées , au printemps ; ceux-ci varient par la quantité plus ou moins nombreuse de mèches brunes.

Habite particulièrement le Midi et l'Orient de l'Europe, où il niche dans les parties montueuses ; jamais dans le Nord ; seulement de passage dans les parties tempérées , le long des bords des eaux et des fleuves. Ceux de l'Amérique septentrionale diffèrent seulement par leurs teintes plus pures. Les sujets du Japon sont tous dans la livrée parfaite d'hiver ; ils portent le nom de *Nohibara.*

Partie IVe.   41

Nourriture. Mouches, cousins, insectes aquatiques et leurs larves.

Propagation. Niche dans les pays de montagnes, sur les plateaux souvent très-élevés, comme les Pyrénées, les Alpes et les Apennins ; jamais le long des bords de la mer. Construit son nid entre les fentes des rochers ; pond quatre ou cinq œufs d'un gris sale, tout couvert de taches brunes lavées ou plus ou moins confluentes.

PIPIT OBSCUR OU MARITIME (*).

ANTHUS OBSCURUS (Mihi).

Une petite bande blanche jaunâtre derrière les yeux et au dessus, et une autre au dessous du méat auditif ; penne latérale de la queue cendrée à fin bout blanchâtre ; bec plus fort et plus élargi à la base que celui du M. alba.

Toutes les parties supérieures d'un olivâtre foncé tirant au verdâtre, mais d'un brun foncé sur le centre de chaque plume ; au dessus des yeux une fine raie jaunâtre terne, souvent nuancée de verdâtre et s'étendant à peu de distance

---

(*) A classer, comme dans cet *Appendice*, après le *Pipit spioncelle*, vol. 3, page 189.

de l'orbite ; au dessous du méat auditif une semblable bande plus ou moins distinctement marquée ; ailes et **queue** noirâtres, toutes les pennes lisérées d'olivâtre; les couvertures bordées de cendré olivâtre; sur la penne extérieure de la queue une grande tache grise, bordure gris foncé et extrème pointe blanchâtre ; sur la deuxième une fine tache blanchâtre; tout le dessous du corps d'un jaunâtre très-clair, sans taches au ventre et à l'abdomen, mais marqué sur le devant du cou, à la poitrine et tout le long des flancs de grandes mèches très-rapprochées d'un cendré olivâtre; bec noir, pieds **bruns**, iris d'un brun foncé. Longueur, six pouces, quelquefois une ou deux lignes de plus. *Les deux sexes en hiver*.

Les jeunes de l'année diffèrent peu de l'adulte en hiver ; les teintes des parties supérieures sont d'un cendré verdâtre, et celles des parties inférieure jaunâtres avec un grand nombre de larges mèches d'un cendré verdâtre plus ou moins foncé; la tache et la bordure de la première penne caudale d'un cendré olivâtre foncé; base du bec d'une couleur claire.

ALAUDA OBSCURA. Gmel. *Syst.* 1 , *p.* 801, *sp.* 33. — Lath. *Ind. Orn. vol.* 2 , *p.* 494, *sp.* 7. — ALAUDA PE-

TROSA. *Linn. Transact. vol.* **41**, *plumage d'hiver et jeune.*
—ROCK or SHORE PIPIT (A. aquaticus). Gould. *Birds of
Europ. vol.* **2**, *en automne.* — ROCK PIPIT (A. petrosus).
Yarrel. *Brit. Birds. p.* 394.

La livrée d'été est plus ou moins variable,
suivant la saison, l'habitat plus ou moins rap-
proché du pôle, et peut-être aussi l'influence de la
température. Pourtant est-il sûr, qu'on trouve au
printemps et en été des disparités assez marquées dans les teintes des parties inférieures de
cette espèce et de la précédente, qu'on ne peut
attribuer raisonnablement qu'à des causes purement locales, vu surtout que *la livrée d'hiver
et particulièrement celle du jeune âge est exactement la même partout, sous les glaces du
pôle comme dans les climats tempérés.* Voici les
trois livrées sous lesquelles on le trouve au printemps et en été.

A. Au dessus des yeux une petite bande d'un
blanc jaunâtre terne; tête et toutes les autres
parties supérieures olivâtre foncé, avec des taches brunes sur le centre des plumes; ailes et
grandes couvertures bordées d'olivâtre clair; petites d'un brun noirâtre, terminées de gris;
penne extérieure de la queue terminée par une
tache conique cendrée, et bordée de cette cou-

leur ; sur la deuxième seulement une légère bordure terminale de cette teinte ; les autres frangées d'olivâtre clair ; gorge, devant du cou et poitrine d'un jaunâtre terne ; toutes les plumes de ces parties marquées dans la direction de la baguette et vers la pointe d'olivâtre foncé, mais nuancées à leurs bords de cendré olivâtre clair ; milieu du ventre, abdomen et couvertures du dessous de la queue d'un jaunâtre clair. *Tels sont les deux sexes pendant toute la durée de l'incubation.* Leur demeure est dans les parties septentrionales, à Féroë, en Norwége, aux Orcades et sur les côtes d'Angleterre (*). C'est alors,

ANTHUS RUPESTRIS (**). Nilss. *Orn. Suec. vol.* 1, *p.* 245, *sp.* 115. — Graba, *Tageb. Reise nach Färö*, *p.* 56 *et suivantes.* — Faber. *Tidssk. for Natur. Band.* 5, *p.* 58, *et dans l'Isis.*

B. Exactement comme la précédente, mais avec des teintes olivâtres moins pures aux par-

---

(*) J'ai reçu des individus de toutes ces localités, et M. de Lamotte en a tué sur les petites îles désertes de la Bretagne.

(**) M. Ménétrier décrit aussi dans son Catalogue de zoologie du Caucase , un *Anthus rupestris.* Cette espèce nouvelle ne doit pas être confondue avec la race de Nilsson.

ties supérieures, qui sont d'un ton cendré encore légèrement nuancé d'olivâtre et variant du
plus au moins d'apparence de cette teinte, selon
les individus et l'époque plus ou moins avancée
du printemps; au bout cendré de la première
penne une fine tache blanche et une très-petite à la deuxième; la petite bande surciliaire
d'un blanc jaunâtre; bordure des ailes cendré
clair; gorge légèrement teinte d'isabelle clair,
qui se nuance sur la poitrine en une faible teinte
chamois, marquée de quelques taches d'un cendré olivâtre; ventre, abdomen et couvertures
jaunâtre clair; côtés de la poitrine et flancs marqués de larges mèches cendrées très-légèrement
teintes d'olivâtre; sur la nuance chamois de la
poitrine, des taches cendrées plus ou moins foncées ou bien à teintes pures, selon l'époque du
printemps. — De passage en Hollande, en mars
et avril, près de la mer ou le long de la côte;
se montre aussi sous ce plumage sur les côtes de
Danemarck et de Suède. C'est alors,

FELSEN und KUSTENWASSERPIEPER (*A. littoralis*). Brehm.
Naturg. Vög. Deuts. p. 330 *et* 331.

Remarque. Les individus qui ont été tués sous cette
livrée, en Hollande, sont *des mâles;* il paraît que *les
femelles* diffèrent un peu dans le plumage des parties in-

férieures , en ce qu'elles ont plus de taches cendrées
olivâtres à la poitrine, au cou et le long des flancs ; qu'une
faible teinte chamois est à peine visible à la poitrine , et
que tout le reste est d'une teinte blanche jaunâtre. J'ai
obtenu de ces femelles tuées, sur les œufs, dont le plumage est à bords usés , et sans aucune nuance chamois ;
elles viennent des côtes de Norwége et du Danemarck.

C. Parties supérieures à peu près cendrées ,
ne conservant plus qu'une très-légère nuance
olivâtre sur les plumes du manteau, dont le centre est brun cendré ; la bande surciliaire à peu
près blanche ; gorge blanchâtre marquée latéralement de taches brunes ; sur le cou et partie de
la poitrine une teinte chamois plus ou moins
marquée de taches cendrées ; ventre et abdomen
ne conservant tout au plus qu'une très-faible
teinte jaunâtre ; les couvertures sous-caudaires
se trouvent déjà toutes blanchies ; flancs plus ou
moins marqués de cendré varié de mèches brunes ; pennes latérales cendrées à fin bout blanc. —
Par l'obligeance de MM. Baillon et de Lamotte,
j'ai obtenu des sujets dans cette livrée qui sont
des côtes de Picardie.

Remarque. Je suis entré, dans ces deux articles de l'*a-*
quaticus des auteurs , dans plus de détails minutieux sur
les individus , que ne le comporte le cadre de cet ouvrage ; parce que j'avais pris à tâche de les donner

comme types des variations que subit le plumage de quelques espèces très-erratiques, et qui ne sont pas sujettes à la double mue. Pour atteindre ce but, il m'a fallu rassembler en masse un grand nombre d'individus des différentes localités, afin de prouver, par des faits, que c'est à des causes purement locales qu'il faut attribuer le plus grand nombre de ces livrées disparates sous lesquelles on veut nous donner, comme espèce distincte, les individus d'une même souche.

Habite toujours les bords de la mer ou les lieux humides dans le voisinage des côtes maritimes ; à partir du centre de l'Europe jusqu'aux plus grandes hauteurs vers le pôle ; choisit de préférence les lieux montueux et rocailleux. Cette espèce ne nous est pas parvenue du Japon.

Nourriture. Vers et insectes marins, qu'il cherche le plus souvent dans les algues et autres plantes qui croissent sur les rochers baignés par la mer.

Propagation. Niche le long des bords de la mer ou non loin des côtes ; entre les amas de pierres et les fentes des rochers, à peu d'élévation du sol. Pond quatre ou cinq œufs d'un gris blanc terne marqué partout de petits points distincts et ronds, surtout très-rapprochés vers le gros bout.

PIPIT-FARLOUSE. — *A. PRATENSIS* (*).

Voyez les deux articles, et ajoutez :

On peut fournir de cette espèce un très-grand nombre de variétés locales, dont certains auteurs forment jusqu'à onze ou douze espèces ; mais nous ne voyons pas de quelle utilité serait à l'étude cette série de noms pour désigner chaque légère différence locale, et pourquoi un oiseau erratique, qui vit à peu près partout en Europe, doit changer de nom spécifique à mesure qu'il pousse ses migrations vers le Midi ou sous les glaces du pôle ?

(*) Addition à cette espèce. *Voir* vol. 3, pag. 190.

ORDRE QUATRIÈME. — *GRANIVO-RES.*

GENRE VINGT-SIXIÈME. — *ALOUETTE.*

ALOUETTE BIFASCIÉE. — *A. BIFASCIATA* (*).

Ajoutez à cet article :

Les jeunes ont la tête et le cou d'une teinte cendrée, et chaque plume est marquée le long de la baguette de brun ; les couvertures du méat auditif sont à peu près toutes totalement blanches; la bande derrière les yeux cendré noirâtre; le départ du cou et la poitrine plus ou moins nuancés de cendré, ces parties, de même que les côtés de la gorge, sont marquées de longues mèches noires occupant le milieu des plumes; parties inférieures plus nuancées d'isabelle clair, et les supérieures d'un ton plus cendré que chez les vieux.

CERTHILAUDA BIFASCIATA. Gould. *Birds of Europ. v. 3,* *avec une très-bonne figure de l'adulte.* — MM. Swainson

(*) Addition à cette espèce. *Voir* vol. 3, pag. 199.

et Gould classent cet oiseau, de même que notre *Alouette Dupont*, *le Sirli* du Cap, et quelques autres espèces exotiques, dans un genre qu'ils désignent sous le nom de *Certhilauda*.

Habite. Cette espèce est plus répandue en Europe qu'il n'est dit à son article dans le Manuel, vol. 3, p. 199; car on la trouve aussi en Andalousie.

ALOUETTE ISABELLINE (*).

ALAUDA ISABELLINA (Mihi).

Cette espèce nouvelle pour l'Europe ressemble, par la taille et la forme des pieds à doigts courts, à la *calandrelle;* mais son bec est un peu plus fort, il tient le milieu entre celui de cette espèce et la *calandre*. — La queue est faiblement échancrée dans le milieu, quoiqu'arrondie de chaque côté, la penne extérieure étant plus courte que celles qui suivent; les grandes couvertures ne recouvrent point le bout des rémiges; l'ongle postérieur est faiblement arqué. Un roux isabelle forme la teinte générale du plumage; elle est foncée, mais sans taches aux parties supé-

---

(*) A classer après l'*Alouette calandrelle*, vol. 3, p. 206.

rieures, un peu plus claire sur les parties inférieures, toutefois en omettant la gorge, qui est
blanchâtre, faiblement marquée vers la poitrine de
mèches isabelle foncé; les pennes des ailes et de
la queue sont d'un brun foncé, mais bordées ex-
térieurement de roux isabelle : le bec est blanchâtre à sa base et cendré au bout; les pieds sont
d'un brun clair. Longueur, 5 pouces 7 lignes.
Les deux sexes.

ALOUETTE ISABELLINE *de mes pl. col.*, 244, *f.* 2, *sur un
sujet d'Arabie.* — On devra probablement ajouter encore
ici, ALAUDA LUSITANIA. Lath. *Ind. Orn. vol.* 2, *p.* 500,
sp. 30 , et ALAUDA DESERTI. Licht., *dans un catal. des
doub. du Mus. de Berl.*

Habite. Assez commune en Grèce, où elle vit en plaine. On la trouve en Arabie, en Égypte, et dans les environs de Tripoli.

Nourriture et propagation. Inconnues.

GENRE VINGT-HUITIÈME. — *BRUANT*.

BBUANT DE MARAIS. — *E. PALUSTRIS* (*).

Ajoutez aux synonymes :

EMBERIZA PALUSTRIS. Savi. *Orn. Tosc. vol.* 2, *p.* 91, et *vol.* 3, *p.* 225.—MONACHINO DI PADULE. *Stor. degli ucc. vol.* 3, *p.* 69, *tab.* 336. — ORTOLANO DI PALUDE. Bonap. *Faun. Ital., avec une figure des deux sexes, du jeune et du nid.* — MARSH BUNTIG. Gould. *Birds of Europ. vol.* 3, *avec une figure.*

Propagation. Les auteurs italiens assurent que la migration de cette espèce est très-limitée ; elle peuple les marais jusqu'à l'approche de l'hiver ; à cette époque le *B. des roseaux* a déjà opéré sa migration. Le nid est placé dans les joncs ; il contient cinq œufs, d'un blanc terne, marqué à claire voie de marbrures brunes.

Remarque. M. Sélys de Longchamps me marque, au sujet de cet oiseau, que M. Linder, préparateur du Musée de Genève, assure que l'intérieur du bec offre les caractères d'une *Fringilla* et non d'une *Emberiza.*

(*) Addition à cette espèce. *Voir* vol. 3, p. 220.

BRUANT STRIOLÉ (*).

EMBERIZA STRIOLATA (Rupp.).

Toute la tête, les **joues**, le cou et le haut de la poitrine d'un gris pur, marqué sur toutes les plumes de longues stries noires ; sur l'orbite des yeux, au dessous et à la base de la mâchoire inférieure trois petites stries longitudinales et blanches ; manteau, dos et couvertures supérieures et intérieures des ailes d'un roux rougeâtre, marqué sur le centre des plumes du manteau d'une strie brune ; ventre, abdomen et couvertures sous-caudaires, d'un roux grisâtre ; ailes et queue noirâtres, barbes intérieures des pennes des premières, ainsi que de larges bordures à toutes d'un roux vif. Mandibule supérieure du bec et iris bruns ; l'inférieure et les pieds jaunâtres. Longueur à peu près 5 pouces. *Le vieux mâle.*

La femelle et *le jeune* ont à la tête et au cou, au lieu de la teinte grise pure striée de noir, une nuance cendrée roussâtre marquée de stries brunes plus ou moins lavées ; toutes les autres parties sont comme dans le vieux, mais les teintes

---

(*) A classer après le *Bruant cendrillard*, vol. 3, p. 227.

sont moins vives et moins pures. *Voyez sous l'une de ces livrées, qui peut aussi être celle du mâle en hiver :*

EMBERIZA STRIOLATA. Cretsh. *Atlas du voy. de Rupp. en Égyp. p.* 15, *tab.* 10, *a.* —GESTREIFTER AMMER. *Loco cit.* —FRINGILLA STRIOLATA. Licht. *Cat. des doub.*

Habite l'Andalousie, où il est assez commun; peut-être aussi quelques autres parties du midi de l'Europe ; ce qui est d'autant plus probable qu'on vient de trouver *Emberiza cæsia* en Grèce, où ce dernier bruant est très-commun. Le *bruant striolé* se trouve en hiver sur les côtes barbaresques, et a été rapporté d'Égypte par Ehrenberg et Ruppell ; l'espèce s'y montre *en hiver* dans les environs d'Abukol et Schendi ; elle se tient dans les buissons.

Nourriture et propagation. Inconnues.

Remarque. On peut voir dans le troisième volume des oiseaux d'Europe de M. Gould des figures très-soignées de tous les bruans nouveaux décrits jusqu'ici dans les parties du Manuel ; celui du présent article ne s'y trouve pas encore.

GENRE TRENTE-UNIÈME. — *GROS-BEC.*

GROS-BEC INCERTAIN. — *F. INCERTA* (*).

Ajoutez :

Les jeunes de l'année sont rayés par flammèches brunes longitudinales sur les parties inférieures, à peu près comme le jeune du bec-croisé.

Au moment de mettre sous presse, nous recevons le fascicule 24 de la *Faun. Ital.* du prince de Musignano, où ce gros-bec est décrit et figuré sous le nom de *Erythrospiza incerta.*

Habite : de passage accidentel dans une grande partie de l'Italie.

GROS-BEC ISLANDAIS (**)

FRINGILLA ISLANDICA (Fab.).

Taille intermédiaire entre les gros-becs Verdier et Serin; bec fort, gros; queue très-faiblement fourchue; pennes caudales acuminées.

En dessus d'un vert grisâtre, avec des stries brunes le long des baguettes; joues d'un roux brun nuancé de cendré; gorge, devant du cou

---

(*) Addition à cette espèce. *Voir* vol. 3, p. 254.

(**) A classer avant le *Gros-bec serin,* vol. 3, p. 259.

et partie supérieure de la poitrine d'un jaunâtre pâle marqué de mèches brunes; partie inférieure de la poitrine, le ventre et l'abdomen blancs; rémiges brunes lisérées de verdâtre; couvertures alaires marquées de verdâtre sur leurs barbes extérieures et d'un jaune blanchâtre à la pointe; la queue faiblement découpée; les pennes acuminées, brunes, à bords extérieurs verdâtres, mais blanches sur les barbes intérieures et à la pointe. Bec gros et fort, de couleur de corne; iris brun; pieds bruns. Longueur totale, 5 pouces. *Les deux sexes.*

FRINGILLA ISLANDICA. Faber, *in Isis supp. Prod. Isl. ann.* 1824, *p.* 792, *et ann.* 1826, *p.* 1058. — LOXIA SERINUS. Id. *Prodrom. Island. Orn. p.* 14.

Habite. Cette espèce n'a été trouvée jusqu'ici qu'en Islande; elle paraît ne pas s'éloigner beaucoup des régions comprises sous les soixante-sixième et soixante-septième degrés de lat. Nord; M. Faber, qui en fit la découverte, en vit venir en septembre 1819, de petites compagnies dans les jardins près de Husavik, mais ne la vit en aucune autre localité de l'Islande. N'ayant point d'objets pour établir quelque comparaison entre cet oiseau et les espèces méridionales du *chloris* et du *serinus*, l crut que ce pouvait être une légère variété de cette dernière espèce; plus tard il reconnut son gros-bec islandais comme devant former une espèce distincte.

Nourriture et propagation. Encore peu ou point connues.

GROS-BEC BORÉAL. — *F. BOREALIS* (*).

Ajoutez aux synonymes.

M. Gould a décrit et fait figurer cette espèce
sous le nom de MEALY REDPOLE (linaria canescens),
Birds of Europ., *vol.* 3, *avec une bonne figure.*
Voyez aussi Yarrell. *Brit. birds*, *p.* 508.

(*) Addition à cette espèce. *Voir* vol. 3, p. 264.

ORDRE SIXIÈME. — *ANISODAC-TYLES.*

GENRE TRENTE-CINQUIÈME. — *SITELLE.*

SITELLE SOYEUSE (*).

SITTA SERICEA (Mihi).

Moins grande que le Torchepot ; bec long et grêle ; plumage long et soyeux ; point de roux aux flancs.

Sommet de la tête, nuque, toutes les autres parties supérieures et les deux pennes du milieu de la queue d'un cendré bleuâtre très-clair ; front, de larges sourcils au dessus et derrière les yeux, d'un blanc pur ; une bande noire couvre le lorum, vient couvrir l'orifice de l'ouïe et descend en croissant sur les côtés du cou ; joues et toutes les parties inférieures, à partir du bec jusqu'aux couvertures de la queue, d'un blanc éclatant et lustré ; couvertures sous-caudaires rousses, mais terminées de blanc ; pennes des ailes d'un beau

---

(*) A classer après la *Sitelle torchepot*, vol. 3, p. 285.

cendré, lisérées de cendré clair ; pennes latérales
de la queue noires à la base, puis marquées d'une
tache blanche et terminées de cendré clair. Bec
long et grêle, bleuâtre, de même que les pieds.
Longueur, 4 pouces 8 lignes.

Les jeunes ont, à la base des pennes caudales,
un peu de blanc; puis elles sont d'un brun noirâtre, avec une tache blanche et à bout cendré.
L'abdomen est très-légèrement teint de roussâ-
·tre clair chez *la femelle.*

SITTA EUROPEA, *var* (asiatica). Pall. *Zoog. Ross. asiat.*
v. 1, *p.* 547.—ASIATIC. NUTHATCH. Gould. *Birds of Europ.*
vol. 3, *avec une bonne figure d'après le sujet de Dalmatie,*
que j'envoyai à M. Gould.

Habite. Se montre accidentellement en Dalmatie, d'où
M. de Feldegg a rapporté l'individu que je dois à sa complaisance. Pallas trouva l'espèce en Sibérie, et elle nous
vient aussi du Caucase. J'ai reçu par les soins de M. le professeur Brandt, un sujet qui a été tué au Kamtschatka.

Nourriture et propagation. Inconnues.

GENRE TRENTE-SEPTIÈME.

TICHODROME. —*TICHODROMA.*

Voyez *Manuel*, *vol. 1*, *pag. 411*, *et vol. 3*, *pag.* 290; ajoutez :

M. de Verneuil a constaté que ces oiseaux cherchent leur nourriture le matin et le soir ; principalement le matin avant que le soleil n'ait échauffé le rocher au point d'éloigner les insectes ; alors ils s'élèvent verticalement depuis le bas au sommet, en battant des ailes par saccades comme pour trouver un point d'appui sur les aspérités des rochers, et ils passent ainsi en revue toutes les anfractuosités.

TICHODROME ÉCHELETTE. — *T. PHOENI-* · *COPTERA.*

Ainsi que je l'avais soupçonné depuis peu, MM. Tcharner de Bellerive et de Verneuil m'ont fait la remarque que cet oiseau, quoique sujet à la double mue, ne prend pas régulièrement du noir à la gorge. Ce ne sont que les vieux mâles chez lesquels on observe cette grande plaque d'un noir profond sur le devant du cou; la nuque, le dos et les scapulaires sont alors d'une teinte cen-

______

(*) Addition à cette espèce. *Voir* vol. 3, p. 290.

drée, légèrement rose. M. de Verneuil dit : J'ai tué plus de 30 de ces oiseaux difficiles à approcher, et sur ce nombre je n'en ai obtenu que deux à gorge noire; plusieurs mâles tués entre le 15 avril et le 16 juillet avaient la gorge grise absolument comme les femelles; quelques individus avaient le bec plus long de 2 lignes qu'ils ne l'ont ordinairement.

Les jeunes de l'année se distinguent des vieux par un bec plus court, presque droit ; les taches des ailes et de la queue sont, en grande partie, roussâtres au lieu d'être blanches ; le rose des ailes est aussi moins étendu et plus terne.

ORDRE SEPTIÈME.—*ALCYONS.*

GENRE TRENTE-NEUVIÈME. — *GUÉPIER.*

GUÉPIER SAVIGNY (*).

MEROPS SAVIGNII (Vieill.).

Au front, une petite bandelette blanche suivie d'une autre du double plus large, d'une belle teinte aigue-marine marbrée d'azur; cette bande est prolongée en large sourcil; une autre bande de cette belle nuance va de la commissure du bec et passe sous les yeux, dont l'orbite est comprise dans un large trait noir qui s'étend de la base du bec à l'oreille; toutes les autres parties supérieures d'un beau vert, nuancé de bleuâtre ou légèrement teint d'olivâtre, cette dernière teinte est plus apparente sur les pennes de la queue, dont les deux du milieu, terminées en pointe, dépassent les autres qui sont égales; le bout de ces deux pennes intermédiaires et celles

---

(*) A classer après le *Guépier vulgaire*, vol. 3, p. 294.

des᷊rémiges sont noirâtres ; le menton est jaune ; mais cette teinte se nuance en brun, puis en marron vif et couvre la gorge ; toutes les autres parties inférieures sont d'un vert tendre plus ou moins vif et pur ; le dessous des ailes et les grandes couvertures sont couleur de rouille. Bec grêle, pointu et noir ; pieds couleur de corne. Longueur jusqu'aux pennes latérales de la queue, 9 pouces 6 lignes à 10 pouces ; les filets dépassent les autres pennes de 2 ou 3 pouces. *Les deux sexes à l'état adulte.*

Les jeunes de l'année ne nous sont pas connus.

MEROPS PERSICUS. Pall. *Itin. vol.* 2, *p.* 708, *tab. d.* — Id. *Zoog. Ross. asiat. vol.* 1, *p.* 440 , *sp.* 82. — MEROPS ÆGYPTIUS. Torck. *Descr. Anim. Itin. orn. p.* 1, *sp.* 2. — GUÊPIER SAVIGNY. Vaill. *Hist. nat. Promer. tab.* 6 *et* 6 *bis.* — BLUE CHOBKED BEEATER. Swains. *Zool. ill. tab.* 76. — MEROPA EGIZIANO. Bonap. *Faun. Ital.,* avec une bonne *figure.*

On ne peut comprendre sous les indications de cette espèce tout le composé sous *Merops superciliaris* qui est le *Patiriche* de Buffon ; plus deux guêpiers très-différens de *Madagascar*, dont l'un pourrait bien appartenir à notre espèce ; ce que je ne saurais décider, n'ayant pas vu d'individu de cette contrée.

Var. A. Les individus qui nous viennent du Sénégal diffèrent un peu par les teintes du plumage, par les filets qui sont un peu plus longs, dépassant de 3 pouces les autres pennes, et par les ailes qni sont plus courtes. Le prince de Musignano a figuré un semblable individu dans sa *Fauna Italica.* Voyez aussi Vaillant, *pl. 6 bis.*

Var. B. Les individus de Nubie et d'Égypte ont moins de teintes bleues dans le vert des parties supérieures ; les deux filets sont un peu plus courts, et les ailes un peu plus longues atteignent vers le bout des pennes latérales de la queue. C'est Vaillant. *Guépiers, pl. 6.*

Remarque. L'espèce qu'on trouve à Java est différente. M. Horsfield en a fait mention sous *Merops Javanicus.* On la reconnaît facilement à son croupion d'un bleu vif.

Habite. Repose, comme espèce européenne, sur les deux sujets, le mâle et la femelle, pris dans les environs de Gènes ; ils font partie de la collection du marquis Durazzo, et ont servi à la description et à la figure fournies dans la Fauna Italica. On la trouve en grand nombre en Perse, en Égypte, à Tripoli, et jusqu'au Sénégal.

Nourriture et propagation. Inconnues.

ORDRE HUITIÈME.—*CHÉLIDONS.*

GENRE QUARANTE-UNIÈME.— *HIRON-DELLE.*

HIRONDELLE ROUSSELINE. — *H. RUFULA* (*).

Ajoutez :

M. du Seuil m'apprend que cette espèce visite aussi les environs de Nîmes; on la prend à Saint-Gilles chaque année dans le courant de mai ; en visitant les marchés il en a trouvé constamment trois ou quatre à chaque printemps, mais je n'ai, dit-il, rencontré que des mâles. M. le marquis Durazzo possède dans sa collection le mâle et la femelle, tués dans les environs de Gênes.

HIRONDELLE BOISSONNEAU (**).

HIRUNDO BOISSONNEAUTI (Mihi).

Queue peu fourchue, la penne latérale ne dépassant l'aile que de 2 à 3 lignes.

Au front une très-petite bande marron; tout

(*) Addition à cette espèce. *Voir* vol. 3, pag. 298.
(**) A classer après l'*Hirondelle de rocher*, vol. 3, p. 303.

le reste des parties supérieures d'un noir bleuâtre très-lustré ; ailes et queue d'un noir bronzé verdâtre. Sur chaque penne, les quatre du milieu exceptées, existe sur la barbe intérieure, une tache plus ou moins ronde d'un blanc légèrement roussâtre ; gorge d'un marron foncé et vif ; un large ceinturon de la couleur du dos couvre toute la poitrine ; la totalité des autres parties inférieures, de même que le dessous des ailes, sont d'un roux de rouille vif. Bec noir ; pieds bruns. Longueur, 5 pouces 6 ou 9 lignes. *L'adulte des deux sexes.*

Les jeunes de l'année ont une petite tache brune au front ; toutes les autres parties supérieures d'un brun sombre légèrement nuancé de bleuâtre métallique ; les ailes et la queue faiblement bronzées ; la gorge roux foncé ; le large ceinturon brun à légers reflets de bronze ; tout le reste des parties intérieures d'un roux rougeâtre terne ; les taches aux barbes intérieures des pennes caudales, plus petites et roussâtres.

Remarque. Je dois deux individus de cette espèce nouvelle aux soins de M. Boissonneau de Paris. C'est en son nom, et d'après l'assurance qu'il m'a donnée de les avoir obtenus du midi de l'Espagne que je place ici cette espèce, dont j'ai vainement cherché la citation dans les catalogues méthodiques. L'adulte me vient de Tripoli, et un autre sujet de la Grèce.

Habite l'Andalousie et la Grèce, et doit probablement se trouver aussi dans différentes parties du nord de l'Afrique.

Nourriture et propagation. Inconnues.

NOUVEAUX AUTEURS CITÉS

ET ABRÉVIATIONS DES TITRES

DANS LES DEUX DERNIÈRES PARTIES.

———

Bew. *Brit. Birds.*—BEWICK, History of British Birds, nouvelle édition.

Boié. *Reis. Norw.* — F. BOIÉ, Tagebuch gehalten auf einer Reise durch Norwegen.

Bonap. *Faun. Ital.* — C. L. BONAPARTE, prince de Musignano, Iconografia della Fauna Italica.

Bonelli. *Catalogue du Musée zoologique de Turin.*

Brandt. *Anim. rossico-nov. Icones.* — BRANDT, Descriptiones et icones animalium rossicorum novorum.

Brehm. *Vögelk.*—BREHM, Beiträge zur deutschen Vögelkunde.

Breh. *Orn.*—BREHM, Ornis, oder das neueste und wichtigste der Vögelkunde.

Breh. *Naturg. Deuts.*—BREHM, Handbuch der Naturgeschichte aller Vögel Deutschlands.—Und Lehrbuch der

Naturgeschichte aller Europäischen Vögel.

Calv. *Cat. orn. Gen.* — CALVI, Catalogo d'ornitologia di Genova.

Catesb. *Carol.* — CATESBY, Natural history of Carolina, *etc.*, 2 vol.

Choris. *Voyage pittoresque autour du monde.*

Fab. *Prod. orn. isl.*— FABER, Prodromus der Isländischen Ornithologie. — Und Uber das Leben der hoch-nordischen Vögel.

Fabricius (O.) *Fauna Groënlandica.*

Géné. *Mémoires* ou *Annales de l'Académie de Turin.*

Glog. *Vög. Schl.* — GLOGER, Ubersicht der Säugethiere, Vögel, Amphibien und Fische Schlesiens.

Gould. *Birds of Eur.* — SYKES et GOULD, The Birds of Europe, 5 volumes, et les belles planches lithographiées de cet ouvrage.

Grab. *Reis. Färö.* — C. J. GRABA, Tagebuch geführt auf einer reise nach Färö. Hambourg, 1828.

Horsf. *Zool. Res.* — HORSFIELD, Zoological researches in Java.

Horsf. *Syst. cat. of Javan birds.*

Horsfield. *Linnean transactions*, *vol.* 13.

Koch. *Bairische Zoologie.*

Lew. *Brit. Birds.* — LEWIN, The Birds of Great Britain with their eggs.

Ménét. *Cat. cauc.* — MÉNÉTRIER, Catalogue raisonné des objets de zoologie recueillis au Caucase.

Meyer. *Zusätz. orn. Taschenb.* — MEYER, Zusätze zum ornithologischen Taschenbuch.

Naum. *Vög. Deut. Neu. Ausg.* — NAUMANN, Naturgeschichte der Vögel Deutschlands, neue Ausgabe, avec
planches.

Nilss.*Skand. Faun.* — NILSSON, Skandinavische Fauna.
— Et Illuminerade figurer till Skandinaviens fauna.

Otto. *Deutschl. Ubers. von Buff. naturg.*

Pall. *Faun. ross.* —PALLAS, Fauna rosso-asiatica.

Richard. *Faun. Amer.*—RICHARDSON, Fauna boreali-
Americana.

Roux. *Orn. prov.* — P. ROUX, Ornithologie proven-
çale. Ouv. non achevé.

Rupp. *Atlas.* —RUPPELL, Atlas zu der Reise im nörd-
lichen Afrika und in Abyssinien.

Sab. *Birds Greenl.* —SABINE, A memoir of the Birds
of Greenland.

Savi. *Orn. Tosc.* — P. SAVI, Ornitologia Toscana e
catalogo degli uccelli della provincia pisana.

Savigny. *Grand ouvrage des ois. de l'Egypte.*

Selb. *Brit. Orn.* —SELBY, The Birds of Great Britain,
avec atlas in-folio.

Stoll. *Faune de la Moselle.*

Swains. *Zool. ill.* — SWAINSON, Zoological illustra-
tions, 3 vol.

Temm. *Atl. Manuel, pl.* — WERNER, Atlas des oiseaux d'Europe pour servir de complément au Manuel
d'ornithologie.

Temm. *pl. col.* —TEMMINCK et LAUGIER, Nouveau
recueil de planches coloriées d'oiseaux, 5 volumes.

Vieill. *Faun. franç.* — VIEILLOT, Faune française , ou Histoire générale et particulière des animaux qui se trouvent en France.

Walter. *Nord. ornit.* — WALTER , Nordisk ornithologie. Copenhague , 1829.

Yarr. *Brit. Orn.* — YARRELL, A history of British birds, avec figures en bois.

Je n'ai pas fait mention de cette multitude de citations, d'indications diagnostiques et de ces courtes phrases descriptives à la manière de Linné, dont les écrits périodiques, tels que certaines annales, les bulletins, les revues zoologiques, les associations scientifiques, *proceedings*, isis, mémoires et actes de tout genre, qui se publient aujourd'hui en si grand nombre dans toutes les villes un peu marquantes, depuis la partie méridionale de l'Australie jusque sous les glaces du pôle, se trouvent être les dépositaires, et qui rivalisent puérilement entre eux pour avoir la priorité des citations. Lorsque de semblables phrases indicatives ne sont pas accompagnées d'une figure, fût-elle seulement passable, elles seront toujours destinées à faire le tourment du naturaliste et ne pourront manquer de fournir ample matière à l'inextricable confusion qui s'alimente et se propage de plus en plus dans les *species* et les catalogues méthodiques, dont l'encombrement des coupes génériques, joint à la réunion indigeste des citations en double et quintuple emploi, ne peut tendre finalement qu'à augmenter les entraves dans les études, et finira toujours par rebuter complétement cette classe de naturalistes qui s'occupent de la science par goût et comme délassement d'occupations plus abstraites ; aussi est-il bien certain que ce n'est pas là le moyen de rendre l'étude agréable et populaire. *Mais tout le monde s'en mêle ! il faut bien le laisser faire avant de s'en occuper !*

FIN.

TABLE CORRÉLATIVE

DES MATIÈRES CONTENUES DANS LES QUATRE PARTIES DE CET OUVRAGE.

Nota. Les grands chiffres romains désignent le volume ; les petits chiffres romains et les chiffres arabes indiquent la pagination.

PARTIE IVᵉ   44

FIN DE LA TABLE CORRÉLATIVE.

ERRATA.

—

Page 340, ligne   25, au lieu de : *Teutschl*, lisez : *Deutschl.*
— 346, — 11 et 12,   —   PINTED, lisez : PAINTED.
— 333, —   15,   —   *chez les oiseaux*, lisez : *chez tous les oiseaux*, etc.
— 338, —   7,   —   *Yarrel*, lisez : *Yarrell.*
— 363, —   18,   —   STEINWÆLZER, lisez · STEINWALZER.
— 397, —   1,   —   SUBARCUATA, lisez : SUBARQUATA.
— 398, —   26,   —   PELIDNA, lisez : PELDINA.
— 404, — 5 et 6,   —   BREITSCHNÆBLIGE, lisez : BREITSCHNABLIGE.
— 415, —   11,   —   *Actitis*, lisez : *Actilis.*
— 420, —   9,   —   GRAWE, lisez : GRAUE.
— 440, —   7,   —   ROHSHUHN, lisez : ROHRHUHN.
— 473, —   21,   —   *Zustsa*, lisez : *Zusatze.*
— 489, —   12,   —   SABINES, lisez : SABINE'S.
— id. —   18,   —   *Commun*, lisez : *Commune.*
— 512, —   13,   —   THALASSIDROMI, lisez : THALASSIDROMA.
— 515, —   16,   —   *Thalassidomar*, lisez : *Thalassidroma.*
— 517, — 4 et 5,   —   SCHNEGANSENTE, lisez : SCHNEEGANSSENTE.
— 518, —   10,   —   BLÆSSENGANS, lisez : BLAESSENGANS.
— 522, —   14,   —   KLEINFUSSIG, lisez : KLEINFUSSIGE.
— 525, —   23,   —   *ganse grau*, lisez : *gansegrau.*
— 547, —   5,   —   TUFTED, lisez : TUSTED.
— 549, — 7 et 8,   —   *Faschenb*, lisez : *Taschenb.*
— id., —   23. *même observation.*
— 574, —   25, au lieu de : *Uriatroile*, lisez : *Uria troile.*
— 577, —   23,   —   *nache*, lisez : *nach.*
— 622, —   18,   —   *cinereo-capilia*, lisez : *cinereocapila.*
— 642, —   8,   —   *le fascicule* 24, lisez : *la fascicule* 22.